FORSCHUNGSBERICHTE DES LANDES NORDRHEIN-WESTFALEN
Nr. 2478

Herausgegeben im Auftrage des Ministerpräsidenten Heinz Kühn
vom Minister für Wissenschaft und Forschung Johannes Rau

Sibylle Stachniss-Carp
Mathematisches Seminar der Landwirtschaftlichen Fakultät
an der Universität Bonn
Direktor: Prof. Dr. Hilmar Wendt

Inkompressible Strömungen um Systeme paralleler
Zylinder von elliptischem Querschnitt

Westdeutscher Verlag 1975

© 1975 by Westdeutscher Verlag GmbH, Opladen
Gesamtherstellung: Westdeutscher Verlag

ISBN-13: 978-3-531-02478-3   e-ISBN-13: 978-3-322-88175-5
DOI: 10.1007/978-3-322-88175-5

D 5

Inhaltsverzeichnis

Einleitung 3

1. Berechnung einer ebenen Potentialströmung um N Ellipsen mit Hilfe von Integralgleichungen 4
1.1 Das komplexe Potential der Strömung 4
1.2 Lösung des modifizierten Dirichletproblems 7
1.3 Berechnung des komplexen Potentials 12
1.4 Spezialfall der Strömung um eine Ellipse 19
1.5 Numerische Auswertung 28

2. Zweites Verfahren zur Berechnung ebener Potentialströmungen um N Ellipsen 32
2.1 Ansatz zur Bestimmung der Funktion g(z) 32
2.2 Numerische Auswertung des Verfahrens 35

3. Staupunkte im Strömungsgebiet 40
3.1 Bewegung der Staupunkte bei Strömungen um eine Ellipse 40
3.2 Bewegung der Staupunkte bei Strömungen um vier Ellipsen ... 41

4. Berechnung der Druckverteilung der Strömung 46
4.1 Berechnung des Druckes 46
4.2 Numerische Berechnung des Druckes 48

Literaturverzeichnis 51

Einleitung

Im April 1961 hat die Firma Mannesmann AG einen Bericht über Versuche mit Strömungen um Bündel von parallelen Rohren vorgelegt {1}. Diese Rohrbündel spielen beim Bau von Wärmetauschern eine wichtige Rolle. Experimentell wurde festgestellt, daß Rohre, die senkrecht zur Rohrachse angeströmt werden und von elliptischem Querschnitt sind, in strömungs- und wärmetechnischer Hinsicht Kreisrohren überlegen sind. Es zeigt sich, daß die Strömung fast der gesamten Rohrwand anliegt und die auftretenden Wirbelgebiete sehr klein sind (Abb. 1,1).

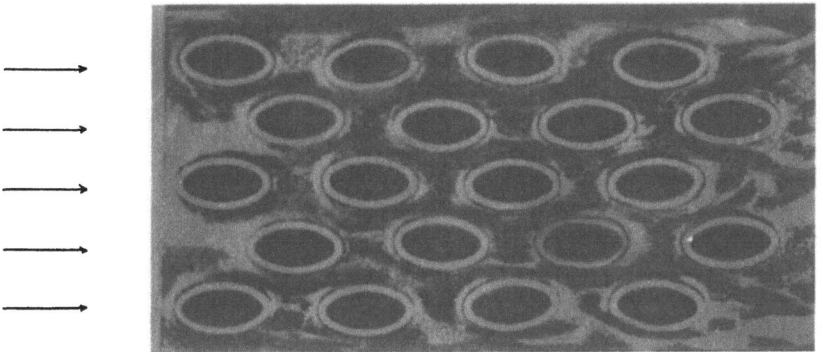

Abb. 1,1

Es erschien deshalb interessant, diese Messungen durch mathematische Berechnungen zu ergänzen. Man kann erwarten, daß der experimentelle Befund durch eine reibungsfreie ebene Potentialströmung gut wiedergegeben wird. Der Konstruktion solcher Strömungen ist die vorliegende Arbeit gewidmet.

Im __ersten Teil__ der Arbeit wird die Berechnung der komplexen Potentialfunktion einer Strömung um mehrere Ellipsen auf die Lösung eines modifizierten Dirichletproblems zurückgeführt und numerisch ausgewertet.

Da die numerische Auswertung dieses Lösungsverfahrens relativ aufwendig ist, wird im __zweiten Teil__ der Arbeit eine Näherungsmethode angegeben, die zur Berechnung des komplexen Potentials der Strömung nur die Lösung linearer Gleichungssysteme erfordert.

Bei den numerischen Berechnungen wurden nur solche Ellipsen betrachtet, deren große Halbachsen entsprechend Abb. 1,1 parallel zur Anströmungsrichtung liegen.

Im __dritten Teil__ der Arbeit wird die Lage von Staupunkten im Strömungsgebiet an Hand von Beispielen untersucht, während sich der __vierte Teil__ mit den Drucken im Strömungsgebiet beschäftigt.

Alle numerischen Rechnungen wurden auf der Großrechenanlage IBM 370/168 der Gesellschaft für Mathematik und Datenverarbeitung in Bonn durchgeführt.

1. Berechnung einer ebenen Potentialströmung um N Ellipsen mit Hilfe von Integralgleichungen

1.1 Das komplexe Potential der Strömung

In der auf rechtwinklige kartesische x,y-Koordinaten bezogenen komplexen Ebene seien endlich viele, sich nicht überschneidende und nicht berührende Ellipsen $L_1, L_2, \ldots, L_N$ gegeben, deren Halbachsen stets verschieden von Null seien (Abb. 1,2). Mit L sei die Vereinigung aller Ellipsen L_k (k = 1,..,N) bezeichnet.

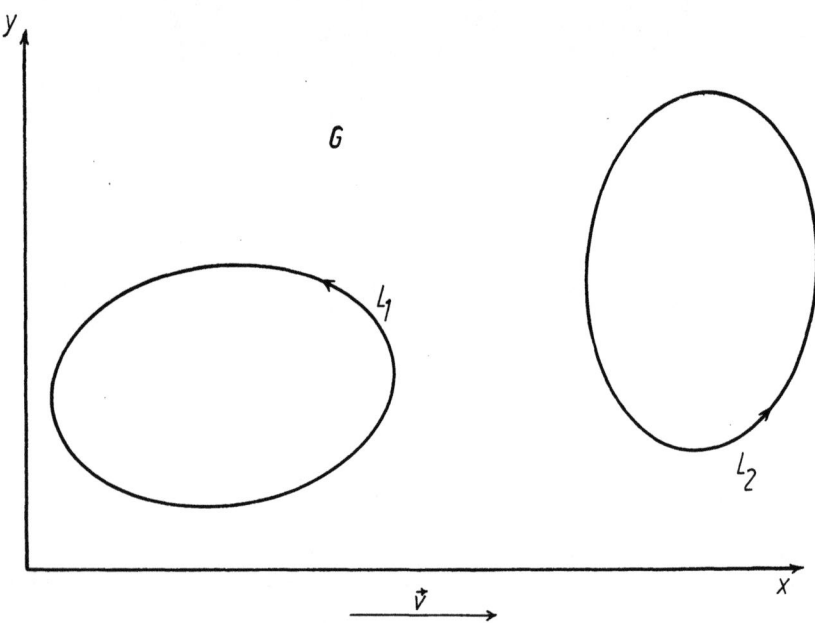

Abb. 1,2

Im Außengebiet G der Ellipsen L_k (k = 1,..,N) soll eine stationäre inkompressible und reibungsfreie Strömung berechnet werden. Die Zirkulationen Γ_k (k = 1,..,N) um die einzelnen Ellipsen L_k sowie die Anströmungsgeschwindigkeit im Unendlichen $\vec{v}$ seien vorgegeben.

Wir wählen das rechtwinklig kartesische Koordinatensystem so, daß seine positive x-Achse parallel zur Anströmungsgeschwindigkeit im Unendlichen $\vec{v}$ verläuft.

Es sei $V = |\vec{v}|$. $z = x + iy$ sei ein Punkt aus G. Das komplexe Potential der Strömung

$$f(z) = \emptyset (x,y) + i \Psi (x,y)$$

hat dann die Form

$$f(z) = Vz + \sum_{m=1}^{N} (2\pi i)^{-1} \Gamma_m \ln(z - z_m) + ig(z) \; ; \; z \in G \qquad (1.1)$$

$g(z)$ bedeutet dabei eine zunächst unbekannte, im Strömungsgebiet G holomorphe Funktion, die auf den Rändern L_k ($k = 1,..,N$) stetige Randwerte annimmt. Ferner sei mit z_m ein beliebiger aber fester Punkt im Inneren der Ellipse L_m bezeichnet. +)

Die Ellipsenränder selbst sind Stromlinien, daher gilt für alle $t = \zeta + i\eta \in L_k$

$$\left. \mathrm{Im}\, f(t) \right|_{t \in L_k} = \left. \psi(\zeta, \eta) \right|_{t = \zeta + i\eta \in L_k} = C_k \; ; \; k = 1,..,N$$

Dabei bedeuten die Größen C_k ($k = 1,..,N$) reelle, noch zu ermittelnde Konstanten. Die Funktion $g(z)$ genügt folglich auf jeder Ellipse L_k der Randbedingung

$$\mathrm{Re}\, g(t) = C_k - V\eta + \sum_{m=1}^{N} (2\pi)^{-1} \Gamma_m \ln |t - z_m| = C_k + h(t) \; ; \; t \in L_k$$
$$k = 1,..,N$$

mit (1.2)

$$h(t) = -V\eta + \sum_{m=1}^{N} (2\pi)^{-1} \Gamma_m \ln |t - z_m| \; ; \; t \in L_k \qquad k = 1,..,N$$

$h(t)$ ist auf jeder der Kurven L_k ($k = 1,..,N$) gleichmäßig stetig. Später zeigt sich, daß die Werte der Konstanten C_k ($k = 1,..,N$) eindeutig bestimmt sind, wenn der Funktionswert von $\mathrm{Re}\, g(z)$ an irgend einer Stelle $z_0 \in G$ vorgegeben wird.

Damit reduziert sich das Strömungsproblem auf folgendes Randwertproblem:

In dem von N Ellipsen $L_1, L_2,..,L_N$ berandetem Gebiet der komplexen Ebene ist eine harmonische Funktion $\mathrm{Re}\, g(z)$ gesucht, die auf dem Rand $L = L_1 + L_2 + ...+ L_N$ stetig ist und dort den Randbedingungen (1.2) genügt.

Dieses Randwertproblem nennt man modifiziertes Dirichletproblem {2}.

+) Mit Im und Re wird im folgenden der Imaginärteil bzw. der Realteil einer komplexen Größe bezeichnet.

1.2 Lösung des modifizierten Dirichletproblems

Zur Lösung des oben formulierten Randwertproblems wählen wir ein Verfahren, das unter anderem bei MUSHELISCHWHILI {2},WEIZEL {3} und POGORZELSKI {4} beschrieben wird.

Die gesuchte, in G holomorphe Funktion g(z) stellen wir als Cauchytypintegral mit reeller, eindeutiger und hölderstetiger Dichtefunktion $\mu(t)$, $t \in L$ dar

$$g(z) = \frac{1}{2\pi i} \sum_{k=1}^{N} \int_{L_k} \frac{\mu(\xi)}{\xi - z} d\xi = \frac{1}{2\pi i} \int_L \frac{\mu(\xi)}{\xi - z} d\xi \quad ; \quad \xi \in L, z \in G \quad (2.1)$$

Eine solche Darstellung ist nach {5} immer möglich.

Die Konstanten C_k (k = 1,2,..,N) sind durch den Ansatz (2.1) eindeutig bestimmt, da für $z \to \infty$ Re g(z) $\to 0$ strebt.

Das Ziel dieses Abschnittes ist es, für die unbekannte Funktion $\mu(t)$ eine Fredholmsche Integralgleichung zweiter Art aufzustellen, aus der sich $\mu(t)$ berechnen läßt.

Die Ellipsen L_k (k = 1,2,..,N) seien im mathematisch positiven Sinn orientiert. d.h., das Strömungsgebiet liegt rechts von den Ellipsen L_k. Wir bilden mit Hilfe der Formeln von Sokhotzki {6} , {7} die rechtsseitigen Randwerte der Funktion g(z)

$$g(t) = -\frac{1}{2}\mu(t) + \frac{1}{2\pi i} \int_L \frac{\mu(\xi)}{\xi - t} d\xi \quad ; \quad t \in L \quad (2.2)$$

Da $\mu(t)$ nach Voraussetzung eine reelle Funktion ist, erhalten wir für Re g(z)

$$\text{Re } g(t) = -\frac{1}{2}\mu(t) + \frac{1}{2\pi} \int_L \mu(\xi) \cdot \text{Im} \frac{d\xi}{\xi - t} d\xi \quad ; \quad t \in L \quad (2.3)$$

Unter Verwendung der Randbedingungen (2.2) ergibt sich dann für die reelle Dichtefunktion $\mu(t)$ die folgende Integralgleichung

$$-\frac{1}{2} \mu(t) + \frac{1}{2\pi} \int_L \mu(\xi) \cdot \text{Im} \frac{d\xi}{\xi - t} = C_k + h(t) \quad ; \quad t \in L_k \, , \, K=1,2,..,N$$

Um die Kerne der Integralgleichung zu berechnen, betrachten wir den Ausdruck

$$\text{Im} \frac{d\xi}{\xi - t} \quad ; \quad t, \xi \in L$$

$\xi_m = x_m(s_m) + i \cdot y_m(s_m)$ sei eine Parameterdarstellung der Kurvenpunkte der Ellipse L_m des Systems L mit der Bogenlänge s_m als Parameter. Dabei seien

$$x_m(s_m) \quad , \quad y_m(s_m) \quad ; \quad m = 1,2,\ldots N$$

einmal stetig differenzierbare Funktionen mit

$$\left\{\frac{dx_m(s_m)}{ds_m}\right\}^2 + \left\{\frac{dy_m(s_m)}{ds_m}\right\}^2 > 0 \quad ; \quad m = 1,2,\ldots,N.$$

t_k sei ein fester Punkt auf L_k (Abb.2,1), wobei auch $L_k = L_m$ zugelassen wird. Wir setzen jedoch zunächst $t_k \neq \xi_m$ voraus.
Bezeichnet $\vec{r}_{mk}$ den vom Punkt ξ_m nach t_k gerichteten Vektor und

$$r_{mk} = |\xi_m - t_k| = |\vec{r}_{mk}|$$

seinen Betrag, so ist

$$t_k - \xi_m = r_{mk} e^{i\delta_m}$$

Der Abb. 2,1 entnehmen wir

$$dx_m = \cos\theta_m ds_m \quad ; \quad dy_m = \sin\theta_m ds_m$$

wobei mit θ_m der Winkel zwischen dem Bogenelement im Punkt ξ_m und der positiven x-Achse bezeichnet wird. Wir bilden

$$\frac{d\ln(\xi_m - t_k)}{ds_m} = \frac{1}{\xi_m - t_k} \cdot \frac{d\xi_m}{ds_m} = \frac{1}{-r_{mk}e^{i\delta_m}} e^{i\theta_m} = -\frac{1}{r_{mk}} e^{i(\theta_m - \delta_m)}$$

und erhalten damit

$$\text{Im}\,\frac{d\xi_m}{\xi_m - t_k} = -\frac{ds_m}{r_{mk}} \sin(\theta_m - \delta_m) = -\frac{\cos(\vec{n}_m, \vec{r}_{mk})}{r_{mk}} ds_m$$

dabei bedeutet $\vec{n}_m$ die ins Strömungsgebiet G weisende Normale im Punkt $\xi_m \in L_m$ und $\cos(\vec{n}_m, \vec{r}_{mk})$ den Winkel zwischen $\vec{r}_{mk}$ und $\vec{n}_m$.

Setzen wir diesen Ausdruck in (2.3) ein und beachten (1.2), so ergeben sich die N Integralgleichungen +)

$$\mu(t) + \frac{1}{\pi}\int_L \mu(\xi) \cos(\vec{n},\vec{r}) r^{-1} ds = 2\{h(t) + C_k\} \quad ; \quad t \in L_k \,,\, k = 1,2,\ldots,N \quad (2.4)$$

+) Da keine Mißverständnisse zu befürchten sind, wurde in dieser und den folgenden Formeln von der Angabe der Indices m und k abgesehen.

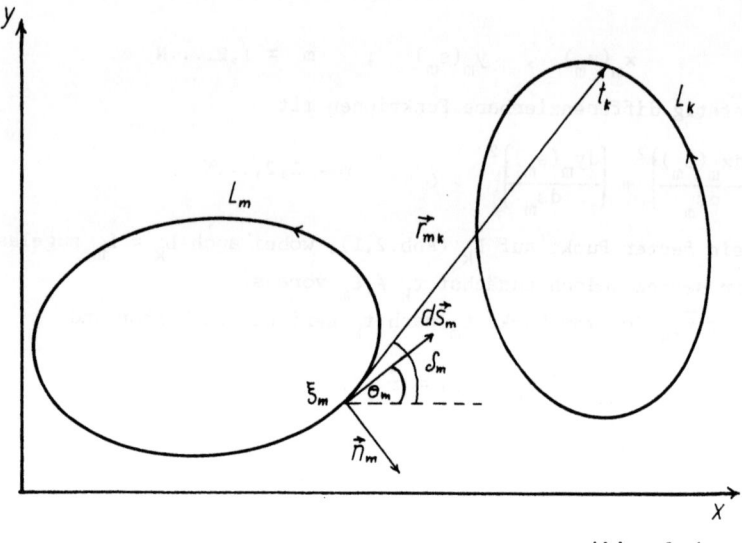

Abb. 2,1

Die Kernfunktionen

$$\cos(\vec{n}, \vec{r})r^{-1} \quad , \quad r = |\xi - t|$$

sind mit Sicherheit stetige Funktionen bezüglich beider Variablen ξ und t, wenn die Punkte $\xi \in L_m$ und $t \in L_k$ auf voneinander verschiedenen Kurven L_m und L_k, $k \neq m$, des Ellipsensystems L liegen. Sind t und ξ Punkte ein und derselben Ellipse, so strebt $r \to 0$, wenn $\xi \to t$ strebt. Da in diesem Fall auch $\cos(\vec{n}, \vec{r}) \to 0$ geht, ist die Kernfunktion schwach singulär. +)
Mithin ist der Integraloperator

$$K\mu = \int_L \cos(\vec{n}, \vec{r})r^{-1} ds$$

ein vollstetiger Operator {9} und das System der Integralgleichungen (2.4) ein System inhomogener Fredholmscher Integralgleichungen zweiter Art, welches zur Berechnung der unbekannten Dichtefunktion $\mu(t)$ herangezogen werden kann.

Da das zu (2.4) gehörende homogene System

$$\mu(t) + \frac{1}{\pi} \int \cos(\vec{n}, \vec{r})r^{-1} \mu(\xi) ds = 0 \qquad (2.5)$$

nicht triviale Lösungen besitzt, wählen wir anstelle des üblichen Lösungsverfahrens einen einfacheren Weg {2} und verwenden zur Berechnung der

---

+) Da das System der Ellipsen L ein System von Lapunowkurven darstellt, ist der Kern $\cos(\vec{n}, \vec{r})r^{-1}$ auch dann stetig, wenn ξ und t auf der gleichen Ellipse L_k liegen. {8}

Funktion μ(t) die Integralgleichungen:

$$\mu(t) + \frac{1}{\pi} \int_L \{\cos(\vec{n}, \vec{r})r^{-1} + a(t,\xi)\}\mu(\xi)ds = -2h(t) \quad ; \quad t \in L_k \qquad (2.6)$$
$$k = 1,2,..,N$$

$a(t,\xi)$ bezeichnet eine reelle Funktion mit der Eigenschaft

$$a(t,\xi) = \begin{cases} s_k(\xi) & \text{für } t \text{ und } \xi \in L_k \; ; \; k = 1,2,..,N \\ 0 & \text{in allen anderen Fällen} \end{cases}$$

Die Größen $s_k(\xi)$ (k=1..N) sind reelle stetige Funktionen, die auf den Ellipsen willkürlich vorgegeben werden können, und nur den Bedingungen

$$\int_{L_k} s_k(\xi) \, ds \neq 0 \quad ; \quad k = 1,2,...,N \qquad (2.7)$$

genügen müssen.

Man kann zeigen {2}, daß

a) die Integralgleichungen (2.6) für beliebige rechte Seiten lösbar sind, d.h. die dazugehörigen homogenen Gleichungen nur die triviale Lösung besitzen, und

b) die Gleichungen (2.6) den ursprünglichen Integralgleichungen (2.4) unter den Bedingungen

$$C_k = \frac{1}{2\pi} \int_{L_k} a(t,\xi)\mu(\xi) \, ds \quad ; \quad k = 1,2,...,N \qquad (2.8)$$

äquivalent sind.

Setzen wir

$$\mu(t) = \mu_l(t) \quad ; \quad t \in L_l \quad ; \quad l = 1,2,..,N$$

wenn t auf der l-ten Ellipse liegt, so zerfallen die Integralgleichungen (2.6) in das System gekoppelter Fredholmscher Integralgleichungen zweiter Art

$$\mu_l(t) + \frac{1}{\pi} \sum_{\substack{m=1 \\ m \neq l}}^N \int_{L_m} \mu_m(\xi) \cos(\vec{n}_m, \vec{r}_{lm}) r_{lm}^{-1} \, ds_m + \frac{1}{\pi} \int_{L_l} \mu(\xi) \left[\cos(\vec{n}_l, \vec{r}_{ll}) r_{ll}^{-1} + \right.$$

$$\left. + a(t,\xi) \right] ds_l = 2 V\eta - \sum_{m=1}^N \frac{\Gamma_m}{\pi} \ln |t - z_m| \quad ; \quad t = \zeta + i\eta \in L_l \qquad (2.9)$$
$$l = 1,2,..,N$$

aus dem die Dichtefunktionen $\mu_l(t)$ (l = 1,2,..,N) bestimmt werden können.

Zur Lösung dieses Integralgleichungssystems entwickeln wir die unbekannten Dichtefunktionen $\mu_l(t)$, $t \in L_l$ ($l=1,2,..,N$) in Fouriersche Reihen

$$\mu_l(t) = A_o^{(l)} + \sum_{k=1}^{\infty} \{A_k^{(l)} \cos k\phi + B_k^{(l)} \sin k\phi\} \; ; \; t \in L_l \; l=1,2..,N \quad (2.10)$$

mit zunächst noch unbekannten Koeffizienten $A_o^{(l)}, A_k^{(l)}, B_k^{(l)}$. Dabei bedeutet ϕ der zum Punkt t gehörende Mittelpunktwinkel der Ellipse L_l. Von den Reihen (2.10) setzen wir voraus, daß sie für alle ϕ mit $0 \leq \phi \leq 2\pi$ gleichmäßig konvergent sind.

Wenn wir weiter die Kernfunktionen $\cos(\vec{n}_m, \vec{r}_{lm}) r_{lm}^{-1}$ ($l,m = 1,2,..,N$) sowie die Inhomogenität des Integralgleichungssystems (2.9) auf dem Ellipsensystem L in Fouriersche Reihen bezüglich der zu den Punkten t und ξ gehörenden Mittelpunktswinkel ϕ und τ entwickeln, gelingt es, die Integralgleichungen (2.9) näherungsweise durch ein System Fredholmscher Integralgleichungen mit ausgearteten Kernen zu ersetzen. Dieses System von Integralgleichungen läßt sich nach der Fredholmtheorie in ein lineares Gleichungssystem überführen, aus dem sich die gesuchten Dichtefunktionen $\mu_l(t)$ ($l=1,2,..,N$) berechnen lassen (siehe auch {3}). Dieses Verfahren wird später in Abschnitt 1.4 am Beispiel der Strömung um eine Ellipse verdeutlicht.

Zur Bestimmung der Fourierkoeffizienten $A_o^{(l)}$, $A_k^{(l)}$, $B_k^{(l)}$ wollen wir hier ein Lösungsverfahren von Bubnow-Galerkin {10} verwenden.
Indem wir die Reihen (2.10) mit dem p-ten Glied abbrechen

$$\mu_{l,p}(t) = A_o^{(l)} + \sum_{k=1}^{p} (A_k^{(l)} \sin k\phi + B_k^{(l)} \cos k\phi); \; t \in L_l \; , \; l=1,2,..,N \quad (2.10a)$$

können wir die Koeffizienten $A_o^{(l)}$, $A_k^{(l)}$ und $B_k^{(l)}$ ($l=1,2,..,N; k=1,2,..p$) so bestimmen, daß die Funktionen $\mu_{l,p}(t)$ ($l=1,2,..N$) Näherungslösungen der Integralgleichungen (2.9) sind.

Wenn wir die Entwicklung (2.10a) in (2.9.) einsetzen, so ergibt sich

$$A_o^{(l)} + \sum_{k=1}^{p} \{A_k^{(l)} \cos k\phi + B_k^{(l)} \sin k\phi\} + \frac{1}{\pi} \sum_{\substack{m=1 \\ m \neq l}}^{N} A_o^{(m)} \int_{L_m} \cos(\vec{n}_m, \vec{r}_{lm}) r_{lm}^{-1} ds_m +$$

$$+ \frac{1}{\pi} \sum_{m=1}^{N} \sum_{k=1}^{p} \int_{L_m} \{A_k^{(m)} \cos k\tau + B_k^{(m)} \sin k\tau\} \cos(\vec{n}_m, \vec{r}_{lm}) r_{lm}^{-1} ds_m + \quad (2.11)$$

$$+ \frac{A_o^{(1)}}{\pi} \int_{L_1} \{\cos(\vec{n}_1, \vec{r}_{11}) r_{11}^{-1} + a(t,\xi)\} ds_1 + \frac{1}{\pi} \sum_{k=1}^{p} \int_{L_1} \{A_k^{(1)} \cos k\tau + B_k^{(1)} \sin k\tau\} \cdot$$

$$\cdot \{\cos(\vec{n}_1, \vec{r}_{11}) r_{11}^{-1} + a(t,\xi)\} ds_1 =$$

$$= 2 V \{\beta_1 + B_1 \sin\phi\} - \sum_{m=1}^{N} \frac{\Gamma_m}{\pi} \ln|t - z_m| \quad ; \quad t \in L_1 \quad , \quad l = 1,2,..,N$$

Diese Gleichungen multiplizieren wir nacheinander mit den Funktionen
$1, \cos\phi... \cos p\phi, \sin\phi,....\sin p\phi$ und integrieren anschließend jeweils
von Null bis 2π. Auf diese Weise erhalten wir für jedes l ein System
von $2p + 1$ linearen Gleichungen, aus denen wir die $(2p + 1) \cdot N$ Fourierkoeffizienten $A_o^{(1)}$, $A_k^{(1)}$, $B_k^{(1)}$ $(l=1,2,..,N; k=1,2,..,p)$ ermitteln können.

$$\pi \begin{pmatrix} 4A_o^{(1)} \\ A_j^{(1)} \\ B_j^{(1)} \end{pmatrix} + \frac{1}{\pi} \sum_{\substack{m=1 \\ m \neq l}}^{N} \int_0^{2\pi} \int_{L_m} \{A_o^{(m)} + \sum_{k=1}^{p} (A_k^{(m)} \cos k\tau +$$

$$+ B_k^{(m)} \sin k\tau)\} \cos(\vec{n}_m, \vec{r}_{lm}) r_{lm}^{-1} ds_m \begin{pmatrix} 1 \\ \cos j\phi \\ \sin j\phi \end{pmatrix} d\phi + \frac{1}{\pi} \int_0^{2\pi} \int_{L_1} \{A_o +$$

(2.12)

$$+ \sum_{k=1}^{p} (A_k^{(1)} \cos k\tau + B_k^{(1)} \sin k\tau)\} \cdot \{\cos(\vec{n}_1, \vec{r}_{11}) r_{11}^{-1} + a(t,\xi)\} ds_1 \cdot$$

$$\cdot \begin{pmatrix} 1 \\ \cos j\phi \\ \sin j\phi \end{pmatrix} d\phi = \int_0^{2\pi} R_1 \begin{pmatrix} 1 \\ \cos j\phi \\ \sin j\phi \end{pmatrix} d\phi \quad ; \quad l = 1,2,..,N \; , \; j = 1,2,...,p$$

Die rechten Seiten der Integralgleichungen (2.11) wurden dabei mit
R_1 $(l=1,2,..,N)$ abgekürzt.

Da die Winkelfunktionen $\cos j\phi$, $\sin j\phi$, $(j=0,1,..,p)$ für alle ϕ
mit $0 \leq \phi \leq 2\pi$ ein vollständiges System linear unabhängiger Funktionen
bilden und die Integraloperatoren vollstetig sind, konvergiert die Näherungslösung $\mu_{l,p}(t)$ des Gleichungssystems (2.12) für $p \to \infty$ gegen eine Grenzfunk-
tion $\mu_l(t)$. Das Lösungsverfahren ist insbesondere für die numerische Behand-
lung des Problems geeignet.

1.3 Berechnung des komplexen Potentials

Wir wenden uns nun der Berechnung der Funktion g(z) mit Hilfe der Dichtefunktionen $\mu_l(t)$ (l = 1,2,..,N) nach Gleichung (2.1) zu und gewinnen damit die komplexe Potentialfunktion der Strömungen um N Ellipsen. Dabei beschränken wir uns im folgenden auf Strömungen um Ellipsen, bei denen eine Halbachse parallel zur Anströmungsrichtung liegt.

Nach (2.1) ist

$$g(z) = \frac{1}{2\pi i} \sum_{l=1}^{N} \int_{L_l} \frac{\mu_l(\xi)}{\xi - z} d\xi = \qquad z \in G$$

$$= \frac{1}{2\pi i} \sum_{l=1}^{N} \int_{L_l} \{A_o^{(l)} + \sum_{k=1}^{\infty} (A_k^{(l)} \cos k\tau + B_k^{(l)} \sin k\tau)\} \frac{d\xi}{\xi - z} . \qquad (3.1)$$

Wegen der vorausgesetzten gleichmäßigen Konvergenz der Reihenentwicklungen (2.10) der Dichtefunktionen $\mu_l(t)$ (l = 1,2,..,N) dürfen wir gliedweise integrieren.

Die Integrale

$$\int_{L_l} \frac{d\xi}{\xi - z} \quad ; \quad z \in G, \quad l = 1,2,..,N$$

haben nach dem Cauchyschen Integralsatz den Wert Null.

Wir wenden uns nun den Integralen

$$I_c = \int_{L_l} \frac{\cos k\tau}{\xi - z} d\xi \quad \text{und} \quad I_s = \int_{L} \frac{\sin k\tau}{\xi - z} d\xi \quad ; \quad z \in G, \quad l = 1,2,..,N$$

zu.

1. Fall: Die Integrale I_c

Für die weiteren Berechnungen benötigen wir den Vektor zum Mittelpunkt der l-ten Ellipse

$$\vec{M}_l = (\alpha_l, \beta_l)$$

Die Halbachsen dieser Ellipse seien A_l und B_l.

Indem wir für $\xi \in L_l$ die Parameterdarstellung

$$\xi = x_l + i y_l = \alpha_l + A_l \cos\tau + i \{\beta_l + B_l \sin\tau\}$$

verwenden, erhalten wir

mit

$$K_l = \frac{A_l - B_l}{A_l + B_l} \quad , \quad l = 1, 2, \ldots, N$$

und

$$\left.\begin{array}{r}w_{1,l} \\ w_{2,l}\end{array}\right\} = \frac{\hat{z}_l \pm \sqrt{\hat{z}_l^2 - (A_l^2 - B_l^2)}}{A_l + B_l} \quad ; \quad l = 1, 2, \ldots, N. \qquad (3.4)$$

Das Vorzeichen der Wurzel muß so gewählt werden, daß die Bedingung Re $g(\infty) = 0$ erfüllt ist. (Vergl.(2.1) und später (3.9)). Damit sind die Zweige der Wurzel für alle z im Strömungsgebiet G eindeutig festgelegt.

Um nun zu zeigen, daß die eine Wurzel $w_{1,l}$ dem Betrage nach größer 1 und die andere $w_{2,l}$ dem Betrage nach kleiner 1 ist, betrachten wir die Abbildung {11}{12}

$$\zeta = \frac{1}{2} c \{\sigma + \sigma^{-1}\}$$

$$\text{mit } c^2 = A_l^2 - B_l^2 \quad , \quad c > 0 \; . \qquad (3.4a)$$

Das Innere des Einheitskreises $|\sigma| < 1$ wird durch (3.4a) auf ein Blatt einer zweiblättrigen Riemannschen Fläche über der ζ-Ebene abgebildet, während das Äußere des Einheitskreises $|\sigma| > 1$ in das andere Blatt übergeht.

Wir betrachten nun zwei Kreise $|\sigma| = r$ und $|\sigma| = r^{-1}$ mit $r = |(A_l + B_l)/c| > 1$ in der $|\sigma|$-Ebene (Abb. 3.2). Diese Kreise liefern mit (3.4a) ein und dieselbe Ellipse mit der Parameterdarstellung

$$\zeta = \zeta_1 + \zeta_2 = A_l \cos\tau + i B_l \sin\tau \quad ; \quad \zeta_1, \zeta_2 = \text{reell},$$

die in verschiedenen Blättern der Riemannschen Fläche liegt.

Mit Hilfe der inversen Abbildung von (3.4a)

$$\sigma = \begin{cases} \frac{\zeta + \sqrt{\zeta^2 - c^2}}{c} & \text{für } |\sigma| > 1 \\ \frac{\zeta - \sqrt{\zeta^2 - c^2}}{c} & \text{für } |\sigma| < 1 \end{cases}$$

läßt sich die Abbildung des Äußeren dieser Ellipse leicht übersehen. Da das Äußere der Ellipse ein verzweigungspunktfreies Gebiet ist, geht es je nach Blatt der Riemannschen Fläche in das Innere von $|\sigma| = 1$ oder das Äußere des Kreises $|\sigma| = |(A_l + B_l)/c|$ über.

$$d\xi = (-A_1 \sin\tau + iB_1 \cos\tau) \, d\tau.$$

Benutzen wir außerdem die Abkürzungen

$$\hat{z}_1 = z - z_1 = z - (\alpha_1 + i\beta_1) \; ; \; 1 = 1,2,..,N \, ,$$

so finden wir für die Integrale I_c

$$I_c = \frac{1}{2i} \int_{L_1} \frac{\{e^{ik\tau} + e^{-ik\tau}\}\{A_1(e^{i\tau} - e^{-i\tau}) + B_1(e^{i\tau} + e^{-i\tau})\}}{A_1(e^{i\tau} + e^{-i\tau}) + B_1(e^{i\tau} - e^{-i\tau}) - 2\hat{z}_1} \, d\tau$$

und weiter (3.2)

$$I_c = -\frac{1}{2i} \int_{L_1} \frac{\{e^{ik\tau} + e^{-ik\tau}\}\{(A_1 + B_1)e^{i\tau} - (A_1 - B_1)e^{-i\tau}\}}{(A_1 + B_1)e^{i\tau} + (A_1 - B_1)e^{-i\tau} - 2\hat{z}_1} \, d\tau$$

Mittels der Transformation

$$w = e^{i\tau} \; ; \; d\tau = (iw)^{-1} dw$$

wird die Ellipse L_1 auf den Einheitskreis einer w-Ebene abgebildet.

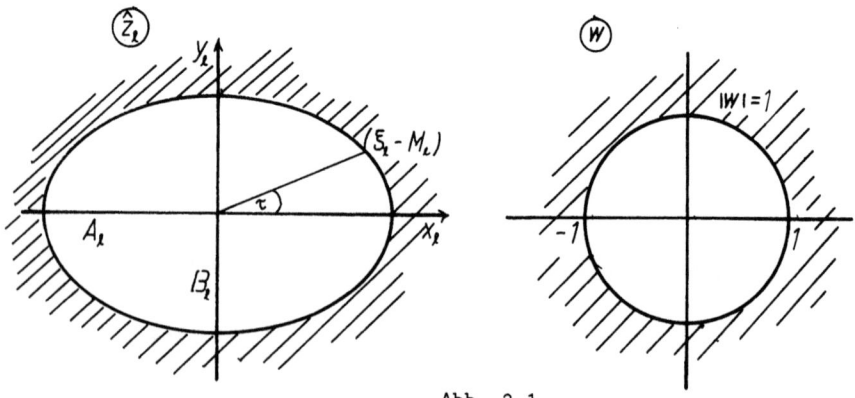

Abb. 3,1

Die Gleichungen (3.2) erhalten dann die folgende Gestalt

$$I_c = \frac{1}{2} \int_{|w|=1} \frac{\{w^k + w^{-k}\}\{w - K_1 w^{-1}\}}{(w - w_{1,1})(w - w_{2,1})} \, dw \qquad , \; 1 = 1,2,..,N \qquad (3.3)$$

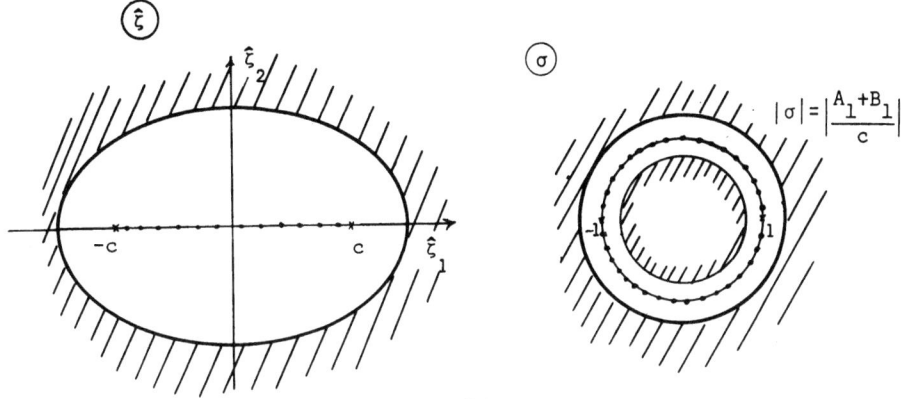

Abb. 3,2

Wir wollen zeigen, daß bei der Transformation der $\hat{z}_1$-Ebene auf die W-Ebene (Abb.3.1) für $z \in G$, d.h. $\hat{z}_1$ im Äusseren der Ellipse

$$\hat{z}_1 = A_1 \cos \tau + iB_1 \sin \tau$$

a) $w_{1,1}$ im Äußeren des Einheitskreises $|W| = 1$ liegt und
b) $w_{2,1}$ im Inneren des Einheitskreises $|w| = 1$ liegt.

Zu a): Wenn ζ ein Punkt im Äußeren der Ellipse aus Abb.3.2 ist, so gilt für die entsprechenden σ-Werte

$$1 < |(A_1 + B_1)/c| < |\sigma| .$$

Daraus folgt unter Verwendung von

$$\sigma = (\zeta + \sqrt{\zeta^2 - c^2})/c \quad ; \quad |\sigma| > 1$$

die Formel

$$|(A_1 + B_1)/c| < |(\zeta^2 + \sqrt{\zeta^2 - c^2})/c|$$

also

$$1 < |(\zeta + \sqrt{\zeta^2 - c^2})/(A_1 + B_1)| .$$

Damit gilt für alle Punkte $\hat{z}_1$ im Äußeren der Ellipse (Abb.3.1)

$$|(\hat{z}_1 + \sqrt{\hat{z}_1^2 - (A_1^2 - B_1^2)})/(A_1 + B_1)| > 1$$

d.h., die Punkte $w_{1,1}(l = 1,2,..,N)$ liegen für $z \in G$ im Äußeren des Einheitskreises $|w| = 1$.

Zu b): Mit $\sigma = (\zeta - \sqrt{\zeta^2 - c^2})/c$, $|\sigma| < 1$

wird ein Blatt der Riemannschen Fläche ins Innere des Einheitskreises der
σ-Ebene abgebildet mit $\sigma \to 0$ für $\zeta \to \infty$, also

$$|(\zeta - \sqrt{\zeta^2 - c^2})/c| < 1.$$

Wegen $(A_1 + B_1) > c = \sqrt{A_1^2 - B_1^2}$ folgt daraus

$$|\hat{z}_1 - \sqrt{\hat{z}_1^2 - (A_1^2 - B_1^2)})/(A_1 + B_1)| < 1$$

d.h., die Punkte $w_{2,l}$ (l=1,2,..,N)

$$w_{2,l} = \frac{\hat{z}_1 - \sqrt{\hat{z}_1^2 - (A_1^2 - B_1^2)}}{A_1 + B_1}$$

liegen für $z \in G$ im Inneren des Einheitskreises $|w| = 1$ und es gilt $w_{2,l} \to 0$
wenn z gegen Unendlich strebt.
Damit ist gezeigt, daß für alle z im Strömungsgebiet G

$$\left.\begin{array}{c} w_{1,l} \\ w_{2,l} \end{array}\right\} = \frac{\hat{z}_1 \pm \sqrt{\hat{z}_1^2 - (A_1^2 - B_1^2)}}{A_1 + B_1} \quad , \quad l = 1,2,..,N$$

ist mit

$$|w_{1,l}| > 1 \quad , \quad |w_{2,l}| < 1.$$

Um nun das Integral (3.3) zu berechnen, zerlegen wir es in

$$I_c = \frac{1}{2(w_{1,l} - w_{2,l})} \int_{|w|=1} \left\{ \frac{w^{k+1} + w^{-k+1}}{w - w_{1,l}} - \frac{w^{k+1} + w^{-k+1}}{w - w_{2,l}} - \right.$$

$$\left. - K_l \left(\frac{w^{k-1} + w^{-k-1}}{w - w_{1,l}} - \frac{w^{k-1} + w^{-k-1}}{w - w_{2,l}} \right) \right\} dw \quad , \quad l = 1,2,..,N.$$

Die einzelnen Integrale sind Cauchytypintegrale und können mit Hilfe des
Residuenkalküls und nach {13} ausgewertet werden.
Wir erhalten wegen $|w_{1,l}| > 1$ und $|w_{2,l}| < 1$

$$I_c = \frac{\pi i}{w_{1,l} - w_{2,l}} \{ - w_{1,l}^{-k+1} - w_{2,l}^{k+1} + K_l (w_{1,l}^{-k-1} + w_{2,l}^{k-1}) \} \quad (3.5)$$

$$l = 1,2,..,N.$$

2. Fall: Die Integrale I_s

Wir wenden uns nun den Integralen

$$I_s = \int_{L_1} \frac{\sin k\tau}{\xi - z} \, d\xi \quad , \quad l = 1,2,..,N$$

zu.

Für alle $z \in G$ gilt

$$\int_{L_1} \frac{\cos k\tau}{\xi - z} d\xi + i \int_{L_1} \frac{\sin k\tau}{\xi - z} d\xi = \int_{L_1} \frac{e^{ik\tau}}{\xi - z} d\xi \quad , \quad l = 1,2,..,N.$$

Daraus gewinnen wir die Beziehung

$$I_s = \int_{L_1} \frac{\sin k\tau}{\xi - z} d\xi = i \{ \int_{L_1} \frac{\cos k\tau}{\xi - z} d\xi - \int_{L_1} \frac{e^{ik\tau}}{\xi - z} d\xi \} \quad , \quad l = 1,2,..,N.$$

Die Integrale auf der rechten Seite dieser Gleichung werten wir nach der oben beschriebenen Methode aus und gelangen zu der Formel

$$I_s = \frac{-\pi}{w_{1,1} - w_{2,1}} \{ K_1 (-w_{2,1}^{k-1} + w_{1,1}^{-k-1}) - w_{1,1}^{-k+1} + w_{2,1}^{k+1} \} =$$

$$= \frac{\pi}{w_{1,1} - w_{2,1}} \{ w_{1,1}^{-k+1} - w_{2,1}^{k+1} + K_1 (w_{2,1}^{k-1} - w_{1,1}^{-k-1}) \} \quad (3.6)$$

$$l = 1,2,..,N.$$

Mit den Gleichungen (3.5) und (3.6) erhalten wir über Gleichung (3.1) für $g(z)$ den Ausdruck

$$g(z) = \frac{1}{2} \sum_{l=1}^{N} \sum_{k=1}^{\infty} \{ \frac{A_k^{(l)}}{w_{1,1} - w_{2,1}} \{ K_1(w_{1,1}^{-k-1} + w_{2,1}^{k-1}) - w_{1,1}^{-k+1} - w_{2,1}^{k+1} \} +$$

$$+ \frac{iB_k^{(l)}}{w_{1,1} - w_{2,1}} \{ K_1 (w_{1,1}^{-k-1} - w_{2,1}^{k-1}) - w_{1,1}^{-k+1} - w_{2,1}^{k+1} \} \}, \quad (3.7)$$

den wir zusammenfassen zu

$$g(z) = \frac{1}{2} \sum_{l=1}^{N} \sum_{k=1}^{\infty} \{ \frac{A_k^{(l)} + iB_k^{(l)}}{w_{1,1} - w_{2,1}} (K_1 w_{1,1}^{-k-1} - w_{1,1}^{-k+1}) +$$

$$+ \frac{A_k^{(l)} - iB_k^{(l)}}{w_{1,1} - w_{2,1}} (K_1 w_{2,1}^{k-1} - w_{2,1}^{k+1}) \}. \quad (3.8)$$

Diese Formel für g(z) läßt sich noch weiter vereinfachen. Dazu beachten wir, daß die Produkte

$$w_{1,l} \cdot w_{2,l} = \frac{A_l - B_l}{A_l + B_l} = K_l$$

für alle $z \in G,L$ konstante Werte K_l ($l = 1,2,..,N$) annehmen. Drücken wir nun $w_{1,l}$ durch $w_{2,l}$ aus und verwenden die Abkürzungen

$$A_k^{(l)} + iB_k^{(l)} = P_k^{(l)} \quad , \quad A_k^{(l)} - iB_k^{(l)} = \overline{P}_k^{(l)} \quad ; \quad l = 1,2,..,N$$

so erhalten wir für g(z) die Darstellung

$$g(z) = \frac{1}{2} \sum_{l=1}^{N} \sum_{k=1}^{\infty} \{\overline{P}_k^{(l)} - K_l^{-k} P_k^{(l)}\} w_{2,l}^k \quad ;$$

damit lautet die komplexe Potentialfunktion der Strömung um N Ellipsen

$$f(z) = V \cdot z + \sum_{l=1}^{N} (2\pi i)^{-1} \Gamma_l \ln(z - z_l) +$$

$$+ \frac{i}{2} \sum_{l=1}^{N} \sum_{k=1}^{\infty} \{\overline{P}_k^{(l)} - K_l^{-k} P_k^{(l)}\} w_{2,l}^k \quad . \tag{3.10}$$

Für die Stromfunktion gilt (vergl. Abschnitt 1.1)

$$\text{Im } f(t)\Big|_{t \in L_l} = \psi(\zeta,\eta)\Big|_{t=\zeta+i\eta \in L_l} = C_l \quad ; \quad l = 1,2,..,N .$$

Wir wählen $a(t, \xi)$ (Abschnitt 1.2) so, daß Gleichung (2.8) zu

$$C_l = \frac{1}{2\pi} \int_{L_l} \mu_l(\xi) \frac{d\tau}{2} \quad ; \quad l = 1,2..,N$$

wird. Mit der Fourierentwicklung der Dichtefunktionen $\mu_l(t)$, $t \in L_l$ ($l = 1,2,..,N$) (2.10) erhalten wir dafür

$$C_l = \frac{1}{2} A_o^{(l)} \quad , \quad l = 1,2,..,N . \tag{3.11}$$

1.4 Spezialfall der Strömung um eine Ellipse

Im folgenden besteht das Kurvensystem aus einer einzigen Ellipse L, deren Mittelpunkt im Ursprung des Koordinatensystems liegt (Abb.4.1). Ihre Halbachsen seien A und B mit A ≠ B.

Wir führen die Rechnung für A > B durch; der Fall A < B läßt sich analog behandeln und führt zu demselben Ergebnis.

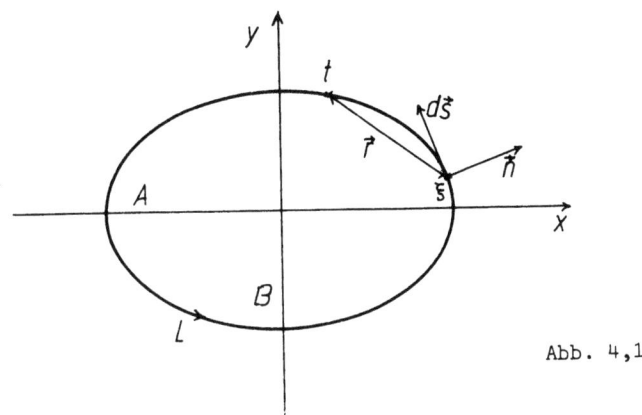

Abb. 4,1

Wir wählen $a(t,\xi) = \frac{1}{2}\frac{d\tau}{ds}$ und erhalten somit aus den Integralgleichungen (2.9) die eine Integralgleichung

$$\mu(t) + \frac{1}{\pi}\int_L \left\{ \frac{\cos(\vec{n},\vec{r})}{r} + \frac{d\tau}{2ds} \right\} \mu(\xi)\, ds = 2VB\sin\phi - \frac{\Gamma}{\pi}\ln|t|\,,\quad t\in L \qquad (4.1)$$

mit $\eta = \text{Im}\, t = B\sin\phi$.

Die Kernfunktion $\cos(\vec{n},\vec{r})r^{-1}\, ds$ berechnet sich nach der Formel

$$\cos(\vec{n},\vec{r})r^{-1}\, ds = \frac{(\vec{n},\vec{r})}{r^2|\vec{n}|}\, ds\,.$$

Unter Verwendung der Parameterdarstellung

$$t = A\cos\phi + iB\sin\phi\,,\quad \xi = A\cos\tau + iB\sin\tau$$

und der Beziehung

$$r = |\vec{r}| = |\xi - t|$$

finden wir

$$(\vec{n},\vec{r}) = -1 + \cos\tau\cos\phi + \sin\tau\sin\phi = 2\sin^2\frac{\phi-\tau}{2}$$

und

$$r^2 = 4 A^2 \sin^2 \frac{\phi - \tau}{2} \cdot \left\{ 1 - \frac{A^2 - B^2}{A^2} \cos^2 \frac{\phi + \tau}{2} \right\}.$$

Damit erhält der Kern die Form

$$\cos(\vec{n},\vec{r}) r^{-1} ds = -\frac{B}{2A} \left\{ 1 - \frac{A^2 - B^2}{A^2} \cos^2 \frac{\phi + \tau}{2} \right\}^{-1} d\tau.$$

Wir führen die Abkürzungen ein

$$\frac{A^2 - B^2}{A^2} = \varepsilon^2 < 1 \quad ; \quad \frac{\phi + \tau}{2} = \Phi. \tag{4.1a}$$
$$\varepsilon > 0$$

Damit erhält die Integralgleichung (4.1) die Form

$$\mu(t) - \frac{B}{A} \frac{1}{\pi} \int_L \mu(\xi)(1-\varepsilon^2\cos^2 \Phi)^{-1} d\tau + \frac{1}{2\pi} \int_L \mu(\xi) d\tau = 2 V B \sin\phi - \frac{\Gamma}{\pi} \ln|t|,$$

$$t \in L. \tag{4.2}$$

Um die Gleichung zu lösen, entwickeln wir zunächst den Kern in eine bezüglich Φ gleichmäßig konvergente Fourierreihe.
Da der Faktor

$$(1 - \varepsilon^2 \cos^2 \Phi)^{-1}$$

der Kernfunktion eine gerade Funktion bezüglich Φ ist und seinen Wert nicht ändert, wenn man Φ durch $\Phi + \pi$ ersetzt, hat die Fourierentwicklung die Gestalt

$$(1 - \varepsilon^2 \cos^2 \Phi)^{-1} = a_0 + \sum_{k=1}^{\infty} a_k \cos 2 k \Phi.$$

Die Fourierkoeffizienten a_0 und a_k (k = 1,2,...) berechnen sich aus

$$a_0 = \frac{1}{2\pi} \int_0^{2\pi} (1 - \varepsilon^2 \cos^2 \Phi)^{-1} d\Phi \tag{4.3a}$$

$$a_k = \frac{1}{2\pi} \int_0^{2\pi} \cos 2 k \Phi (1 - \varepsilon^2 \cos^2 \Phi)^{-1} d\Phi , \quad k = 1,2.. \tag{4.3b}$$

Berechnung des Fourierkoeffizienten a_o und a_k (k = 1,2,...)

Wir berechnen zunächst den Koeffizienten a_o

$$a_o = \frac{1}{2\pi} \int_0^{2\pi} (1 - \epsilon^2 \cos^2 \phi)^{-1} d\phi = \frac{1}{2\pi} \int_0^{2\pi} (1 - \epsilon \cos\phi)^{-1}(1 + \epsilon \cos\phi)^{-1} d\phi.$$

Um dieses Integral auszuwerten, bilden wir durch die Transformation

$$w = e^{i\phi} \quad ; \quad d\phi = (iw)^{-1} dw$$

die Ellipse konform auf den Einheitskreis $|w| = 1$ der w-Ebene ab.
Wir finden dann

$$a_o = \frac{1}{2\pi i} \int_{|w|=1} \frac{w\, dw}{\{1 - \frac{\epsilon}{2}(w + \frac{1}{w})\}\{1 + \frac{\epsilon}{2}(w + \frac{1}{w})\} w} =$$

$$= \frac{1}{2\pi i} \int_{|w|=1} \frac{-4\, w\, dw}{\epsilon^2 (w - \hat{w}_1)(w + \hat{w}_1)(w - \hat{w}_2)(w + \hat{w}_2)}$$

mit den reellen Konstanten

$$\hat{w}_1 = \frac{1 - \sqrt{1 - \epsilon^2}}{\epsilon} \quad ; \quad \hat{w}_2 = \frac{1 + \sqrt{1 - \epsilon^2}}{\epsilon}.$$

Man kann leicht nachweisen, daß $\hat{w}_1$ im Inneren und $\hat{w}_2$ im Äußeren des Einheitskreises $|w| = 1$ liegt.

Damit bestimmt sich der Wert von a_o nach dem Residuensatz zu

$$a_o = -\frac{4}{\epsilon^2} \operatorname*{Res}_{|w|<1} \frac{w}{(w - \hat{w}_1)(w + \hat{w}_1)(w - \hat{w}_2)(w + \hat{w}_2)} =$$

$$= \frac{4}{\epsilon^2} \frac{1}{(\hat{w}_2 - \hat{w}_1)(\hat{w}_1 + \hat{w}_2)} \quad ;$$

und wir erhalten, wenn wir $\hat{w}_1$ und $\hat{w}_2$ einsetzen

$$a_o = (1 - \epsilon^2)^{-1/2}.$$

Bei der Berechnung der Koeffizienten a_k (k = 1,2,..) gehen wir analog vor.
Es ist

$$a_k = \frac{1}{\pi} \int_0^{2\pi} \cos 2k\phi \, (1 - \epsilon^2 \cos^2 \phi)^{-1} \, d\phi =$$

$$= -4(2\pi i \epsilon^2)^{-1} \int_{|w|=1} \frac{w(w^{2k} + w^{-2k}) \, dw}{(w - \hat{w}_1)(w + \hat{w}_1)(w - \hat{w}_2)(w + \hat{w}_2)}$$

Wir werten auch dieses Integral mittels des Residuenkalküls aus und erhalten

$$a_k = 4 \epsilon^{-2} (\hat{w}_2^{\,2} - \hat{w}_1^{\,2})^{-1} \{\hat{w}_1^{\,2k} + \hat{w}_2^{\,-2k}\} =$$

$$= \frac{2 \epsilon^{2k}}{\{1 - \epsilon^2\}^{1/2} (1 + \{1 - \epsilon^2\}^{1/2})^{2k}} \quad , \quad k = 1, 2, \ldots$$

Die gesamte Fourierentwicklung des Kernfaktors lautet demnach

$$(1 - \epsilon^2 \cos^2 \phi)^{-1} =$$

$$= (1 - \epsilon^2)^{-1/2} \{1 + 2 \sum_{k=1}^{\infty} \epsilon^{2k} (1 + \{1 - \epsilon^2\}^{1/2})^{-2k} \cos k\phi \} \; .$$

Ersetzen wir noch ϵ^2 und ϕ nach Gleichung (4.1a), so kann diese Reihenentwicklung unter Verwendung von

$$(1 - \epsilon^2)^{-1/2} = \frac{A}{B}$$

auf die Form gebracht werden

$$(1 - \epsilon^2 \cos^2 \phi) = \qquad \qquad (4.4)$$

$$= \frac{A}{B} \{1 + 2 \sum_{k=1}^{\infty} \frac{(A^2 - B^2)^k}{(A + B)^{2k}} (\cos k\phi \cos k\tau - \sin k\phi \sin k\tau) \} \; .$$

Damit wird aus der Integralgleichung (4.2)

$$\mu(t) - \frac{1}{\pi} \int_0^{2\pi} \sum_{k=1}^{\infty} \frac{(A^2 - B^2)^k}{(A + B)^{2K}} \{\cos k\phi \cos k\tau - \sin k\phi \sin k\tau\} = 2V \sin\phi - \frac{\Gamma}{\pi} \ln |t| ;$$

$$t \in L. \qquad \qquad (4.5)$$

Die Funktion $\mu(t)$ stellen wir durch die Reihe

$$\mu(t) = E_o + \sum_{r=1}^{\infty} \{ E_r \cos r\phi + \hat{E}_r \sin r\phi \} \qquad (4.6)$$

dar, von der wir voraussetzen, daß sie für alle ϕ mit $0 \leq \phi \leq 2\pi$ gleichmäßig konvergiert.

Für die Logarithmusfunktion der rechten Seite von (4.5) finden wir nach Michlin {14} die gleichmäßig konvergente Fourierentwicklung bezüglich ϕ

$$\ln|t| = \frac{1}{2}\{A^2 \cos^2\phi + B^2 \sin^2\phi\} =$$

$$= \ln\frac{A+B}{2} + \sum_{k=1}^{\infty} \frac{(-1)^{k-1}}{k}\left(\frac{A-B}{A+B}\right)^k \cos 2k\phi \quad , \quad t \in L. \quad (4.6a)$$

Die Formeln (4.6) und (4.6a) setzen wir in (4.5) ein und gelangen zu der Gleichung

$$E_o + \sum_{r=1}^{\infty} \{ E_r \cos r\phi + \hat{E}_r \sin r\phi \} - \frac{1}{\pi} \sum_{k=1}^{\infty} \frac{(A^2-B^2)^k}{(A+B)^k \, k} \cdot$$

$$\cdot \left(\cos k\phi \int_0^{2\pi} \sum_{r=1}^{\infty} E_r \cos r\phi \cos k\tau \, d\tau - \sin k\phi \int_0^{2\pi} \sum_{r=1}^{\infty} \hat{E}_r \sin r\phi \sin k\tau \, d\tau \right) =$$

$$= -\frac{\Gamma}{\pi} \ln\frac{A+B}{2} - \frac{\Gamma}{\pi}\sum_{k=1}^{\infty}\frac{(-1)^{k-1}}{k}\left\{\frac{A-B}{A+B}\right\}^k \cos 2k\phi + 2VB \sin \phi \cdot$$

Wegen der gleichmäßigen Konvergenz der Reihen (4.4) und (4.6) für alle Werte von ϕ und τ mit $0 \leq \phi, \tau \leq 2\pi$ dürfen wir gliedweise integrieren und finden durch anschließenden Vergleich der Vorfaktoren von $\cos\phi, \cos 2\phi, \ldots$ $\sin\phi, \sin 2\phi, \ldots$ sowie der absoluten Glieder für die Fourierkoeffizienten $E_o, E_k, \hat{E}_k$ die Ausdrücke

$$E_o = -\frac{\Gamma}{\pi}\ln\frac{A+B}{2}$$

und

$$\hat{E}_1 = \frac{V B (A+B)}{A}$$

$$E_{2r} = -\frac{\Gamma}{\pi}\frac{(-1)^{r-1}}{r}\frac{(A^2-B^2)^r}{(A+B)^{2r}-(A-B)^{2r}} \; ; \; r = 1,2\ldots$$

Alle übrigen Fourierkoeffizienten E_k mit $k > 1$ und $\hat{E}_k$ mit $k = 2r + 1$ (k=1,2,.) haben den Wert Null.

Also lautet die Dichtefunktion $\mu(t)$, $t \in L$

$$\mu(t) = -\frac{\Gamma}{\pi} \ln \frac{A+B}{2} + \frac{VB(A+B)}{A} \sin\phi - \frac{\Gamma}{\pi} \sum_{k=1}^{\infty} \frac{(-1)^{k-1}}{k} \cdot \frac{(A^2-B^2)^k}{(A+B)^{2k}-(A-B)^{2k}} \cos k\phi .$$

Die Funktion $g(z)$ gewinnen wir nach (3.1) aus

$$g(z) = \frac{1}{2\pi i} \int_L \frac{-\frac{\Gamma}{\pi} \ln \frac{A+B}{2}}{\xi - z} d\xi + \frac{1}{2\pi i} \frac{VB(A+B)}{A} \int_L \frac{\sin \tau}{\xi - z} d\xi -$$

$$- \frac{1}{2\pi i} \frac{\Gamma}{\pi} \sum_{k=1}^{\infty} \frac{(-1)^{k-1}}{k} \frac{(A^2-B^2)^k}{(A+B)^{2k}-(A-b)^{2k}} \int_L \frac{\cos 2k\tau}{\xi - z} d\xi , \quad z \in G . \qquad (4.7)$$

Das erste Integral wird nach dem Cauchyschen Integralsatz gleich Null.

Für die Integrale

$$\int_L \frac{\sin \tau}{\xi - z} d\xi \quad \text{und} \quad \int_L \frac{\cos 2k\tau}{\xi - z} d\xi$$

finden wir mit (3.5) und (3.6)

$$\frac{1}{2\pi i} \int_L \frac{\sin \tau}{\xi - z} d\xi = \frac{1}{2} (w_1 - w_2)^{-1} \{1 - w_2^2 + K(1 - w_1^{-2})\}; \quad K = \frac{A-B}{A+B} \qquad (4.8)$$

und $\qquad\qquad\qquad\qquad\qquad\qquad\qquad\qquad\qquad\qquad\qquad\qquad\qquad\qquad\qquad$ (4.9)

$$\frac{1}{2\pi i} \int_L \frac{\cos 2k\tau}{\xi - z} d\xi = \frac{1}{2} (w_1 - w_2)^{-1} \{ K (w_1^{-2k-1} + w_2^{2k-1}) - w_1^{-2k+1} - w_2^{2k+1} \} .$$

Die Werte für w_1 und w_2 ergeben sich dabei nach (3.4) zu

$$\left.\begin{array}{c} w_1 \\ w_2 \end{array}\right\} = \frac{z \pm \sqrt{z^2 - (A^2 - B^2)}}{A + B} \qquad (4.10)$$

mit $|w_1| > 1$ und $|w_2| < 1$.

Unter Verwendung von (4.8) und (4.10) gewinnen wir für g(z) nach (4.7)

$$g(z) = \frac{VB(A+B)}{2iA(w_1-w_2)}\{1 - w_2^2 + K(1-w_1^{-2})\} - \Gamma(2\pi)^{-1} \cdot \qquad (4.11)$$

$$\cdot \sum_{k=1}^{\infty} \frac{(-1)^{k-1}}{k} \frac{(A^2-B^2)^k}{(A+B)^{2k}-(A-B)^{2k}} (w_1-w_2)^{-1} \{K(w_1^{-2k-1}+w_2^{2k-1})-w_1^{-2k+1}-w_2^{2k+1}\} \cdot$$

Wie in Abschnitt 1.3 soll zunächst die Formel für g(z) in eine übersichtlichere Form gebracht werden. Dazu drücken wir nach (3.8) w_1 durch w_2 aus. Das ergibt

$$w_1 = \frac{A-B}{A+B} \frac{1}{w_2} = K w_2^{-1} \cdot \qquad (4.12)$$

Der zirkulationsfreie Anteil von g(z) (unterstrichener Teil in der Formel (4.11))

$$\chi_1 = \frac{VB(A+B)}{2iA(w_1-w_2)} \{1 - w_2^2 + K - K w_1^{-2}\}$$

vereinfacht sich mit (4.12) zu

$$\chi_1 = \frac{VB(A+B)}{i(A-B)} w_2 \cdot \qquad (4.13)$$

Um den Zirkulationsanteil der Funktion g(z) (nicht unterstrichener Teil in der Gleichung (4.11)) umzuformen, betrachten wir zunächst den Ausdruck

$$\chi_1 = (w_1-w_2)^{-1} \{K(w_1^{-2k-1} + w_2^{2k-1}) - w_1^{-2k+1} - w_2^{2k+1}\} \cdot$$

Mittels (4.12) finden wir

$$\chi_2 = w_2^{2k} \{\frac{(A-B)^{2k} - (A+B)^{2k}}{(A-B)^{2k}}\}$$

und damit

$$\frac{\Gamma}{2\pi} \sum_{k=1}^{\infty} \frac{(-1)^{k-1}(A^2-B^2)^k}{k \ (A+B)^{2k}-(A-B)^{2k}}(w_1-w_2)^{-1}\{K(w_1^{-2k-1}+w_2^{2k-1}) -$$

$$- w_1^{-2k+1} - w_2^{2k+1}\} = \frac{\Gamma}{2\pi}\sum_{k=1}^{\infty}\frac{(-1)^k}{k}\{\frac{A+B}{A-B}\}^k w_2^{2k} \cdot$$

Die komplexe Potentialfunktion f(z) einer Strömung um eine Ellipse lautet demnach

$$f(z) = V z + \Gamma (2\pi i)^{-1} \ln z + \frac{VB(A + B)}{A - B} w_2 +$$
$$+ \Gamma (2\pi i)^{-1} \sum_{k=1}^{\infty} \frac{(-1)^k}{k} \left(\frac{A + B}{A - B} \right)^k w_2^{2k} .$$

(4.14)

Wir zeigen zunächst, daß die Gleichung (4.14) für $\Gamma = 0$ in die bekannte Formel für eine zirkulationsfreie Strömung um eine Ellipse übergeht.

In unserem Fall hat f(z) für $\Gamma = 0$ die Form

$$f(z) = V z + \frac{A + B}{A - B} w_2 \cdot VB$$

Ersetzen wir noch w_2 nach Gleichung (4.10)

$$w_2 = \frac{z - \sqrt{z^2 - (A^2 - B^2)}}{A + B} \quad ; \quad |w_2| < 1 ,$$

so kann f(z) auf die Form gebracht werden

$$f(z) = \frac{V}{A - B} (A - B) z + \frac{V B}{A + B} \{ z - \sqrt{z^2 - (A^2 - B^2)} \} =$$

$$= \frac{V}{A - B} \{ A z - B \sqrt{z^2 - (A^2 - B^2)} \} ,$$

(4.15)

die bei Kochin/Kibel/Roze {15} angegeben ist.

Bei Batchelor {16} findet man die folgende komplexe Potentialfunktion für eine Strömung mit Zirkulation um eine Ellipse

$$f(z) = \frac{1}{2} V \{ z + \sqrt{z^2 - (A^2 - B^2)} \} + \frac{V(A + B)^2}{2(A^2 - B^2)} \{ z - \sqrt{z^2 - (A^2 - B^2)} \} -$$

$$- \frac{i \Gamma}{2 \pi} \ln \left\{ \frac{z + \sqrt{z^2 - (A^2 - B^2)}}{A + B} \right\}$$

(4.16)

Um diese Formel in Übereinstimmung mit der hier hergeleiteten komplexen Potentialfunktion (4.14) zu bringen, fassen wir zunächst die zirkulationsfreien Anteile zusammen und finden

$$\frac{1}{2} V \{ z + \sqrt{z^2 - (A^2 + ^2)} + \frac{A + B}{A - B} (z + \sqrt{z^2 - (A^2 - B^2)}) \} =$$

$$= \frac{V}{A + B} \{ Az - B \sqrt{z^2 - (A^2 - B^2)} \} \ .$$

Dies stimmt mit der komplexen Potentialfunktion aus (4.15) überein, die für $\Gamma = 0$ aus (4.14) hergeleitet wurde.

Die Zirkulationsanteile der in (4.14) angegebenen komplexen Potentialfunktion lassen sich folgendermaßen umformen

$$\Gamma (2\pi i)^{-1} \{ \ln z + \sum_{k=1}^{\infty} \frac{(-1)^k}{k} (\frac{A + B}{A - B})^k w_2^{2k} \} =$$

$$= \Gamma (2\pi i)^{-1} \{ \ln z - \ln (1 + \frac{A + B}{A - B} w_2^2) \} =$$

$$= \Gamma (2\pi i)^{-1} \{ \ln z - \ln (w_1 + w_2) + \ln w_1 \} \ .$$

Nach Gleichung (4.10) ergibt sich

$$w_1 + w_2 = \frac{2 z}{A + B} \ .$$

Folglich unterscheidet sich wegen

$$- i \Gamma (2\pi i)^{-1} \ln \{ \frac{z + \sqrt{z^2 - (A^2 - B^2)}}{A + B} \} = \Gamma (2\pi i)^{-1} \ln w_1$$

die in (4.14) angegebene komplexe Potentialfunktion von (4.16) nur um die additive, rein imaginäre Konstante

$$(2\pi i)^{-1} \ln \frac{2}{A + B} \ .$$

1.5 Numerische Auswertung

Mit Hilfe des in Abschnitt 1.2 angegebenen Lösungsverfahrens wurden verschiedene Strömungen um N Ellipsen numerisch ausgewertet.
Bei allen Rechnungen haben wir die Ellipsen so gelegt, daß eine der Halbachsen der Ellipsen L_l (l = 1,2,..N), die im folgenden mit A_l bezeichnet wird, parallel zur Anströmungsrichtung im Unendlichen $\vec{v}$ liegt. Der Betrag der Anströmungsgeschwindigkeit V werde stets gleich Eins gesetzt. Das bedeutet, daß die Geschwindigkeiten in Einheiten der Anströmungsgeschwindigkeit V gemessen werden.

In allen Abbildungen haben die Halbachsen der Ellipsen L_l (l = 1,2,..N) die Werte

$$A_l = 3 \quad ; \quad B_l = 2 \quad ; \quad l = 1,2,..,N \ .$$

Um einen Anhaltspunkt zu erhalten, wie schnell das hier angegebene Lösungsverfahren konvergiert, beachten wir, daß die Ellipsen selbst Stromlinien sind und daher dort gelten muß

$$\text{Im } f(t)\Big|_{t \in L_l} = C_l = \frac{1}{2} A_o^{(l)} \ . \tag{5.1}$$

Die erreichbare Rechengenauigkeit ist um so größer, je besser die Ellipsen L_l (l = 1,2,..,N) durch die Kurven (5.1) reproduziert werden.

Zur besseren Unterscheidung von Stromlinien und Äquipotentiallinien wurden in den nachfolgenden Strömungsbildern die Parameterwerte der Äquipotentiallinien durch Unterstreichen gekennzeichnet.

Für die numerischen Berechnungen zu Abb.1 und 2 wurde die komplexe Potentialfunktion durch die vierte bzw. sechste Näherung approximiert.

In **Abb. 1** sehen wir eine Strömung um fünf Ellipsen mit den Mittelpunkten

$$M_1 = (-10/10) \quad ; \quad M_2 = (10/10) \quad ; \quad M_3 = (10/-10) \ ;$$

$$M_4 = (-10/-10) \quad ; \quad M_5 = (0/0)$$

und den Zirkulationen

$$\Gamma_l = 0 \quad ; \quad l = 1,2,..,N \ .$$

Da die Strömung symmetrisch zu beiden Achsen ist, sind die Staupunkte der Ellipsen L_1, L_2, L_3 und L_4 auf den Ellipsenrändern bezüglich der Scheitelpunkte verschoben, die zu L_5 gehörenden Staupunkte liegen genau in den Scheiteln dieser Ellipse.

In <u>Abb.2</u> bestehen um die Ellipsen mit den Mittelpunkten

$$M_1 = (-8/0) \quad ; \quad M_2 = (8/0)$$

Zirkulationen mit entgegengesetzten Vorzeichen, nämlich

$$\Gamma_1 = 2 \quad ; \quad \Gamma_2 = -2 \; .$$

Die Geschwindigkeitspotentiale erhalten durch die nun auftretenden Logarithmusfunktionen eine Mehrdeutigkeit. Um diese zu beseitigen, wurde die Strömungsebene entlang der positiven x-Achse im Bereich von -8 bis ∞ bzw. von +8 bis ∞ aufgeschnitten. Dort erleiden die Äquipotentiallinien einen Sprung, der den Werten der Zirkulationen Γ_1, Γ_2 entspricht.
Wir sehen, daß sich dieser Sprung g nur entlang der Strecke -8 bis +8 bemerkbar macht, während sich die Sprünge im Bereich von +8 bis ∞ gegeneinander aufheben.
Die Staupunkte sind in dieser Strömung je nach Drehsinn der Zirkulationen auf dem oberen bzw. unteren Ellipsenrand bezüglich der Scheitelpunkte verschoben. Die gesamte Strömung ist symmetrisch zum Nullpunkt des Koordinatensystems.

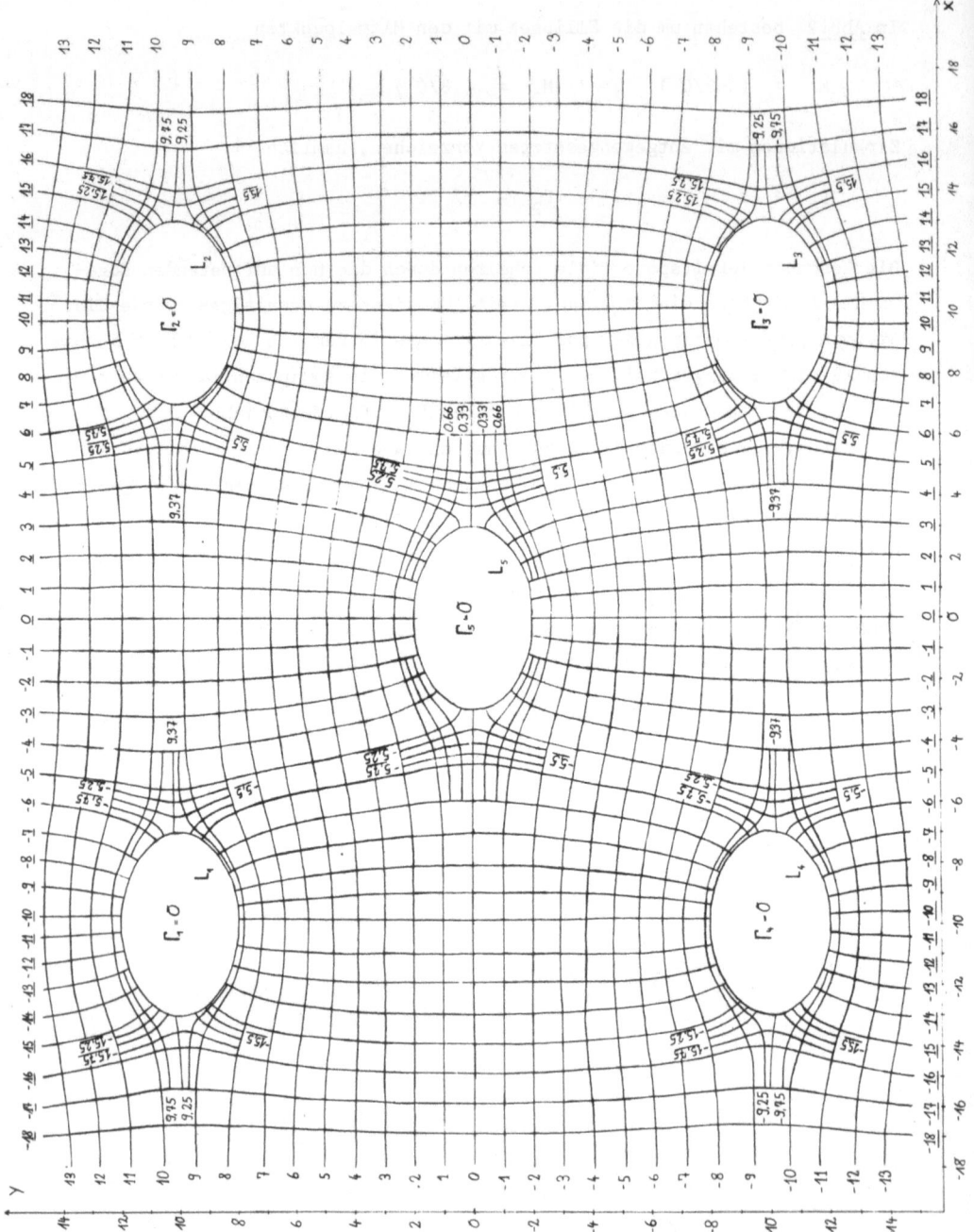

Abb. 1

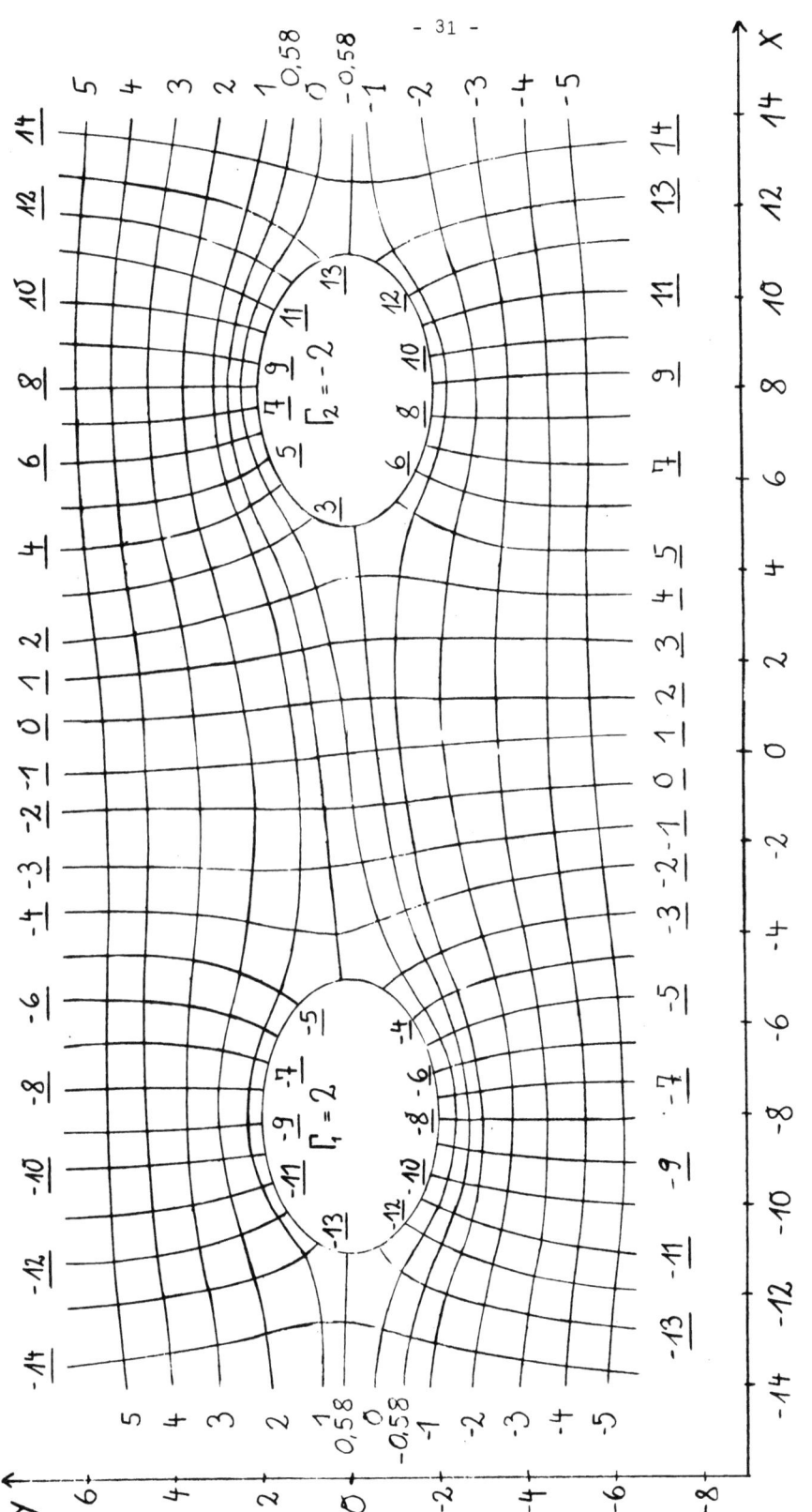

Abb. 2

2. Zweites Verfahren zur Berechnung ebener Potentialströmungen um N Ellipsen

In der komplexen x,y-Ebene seien wieder endlich viele, sich nicht überschneidende und sich nicht berührende Ellipsen $L_1, L_2,...,L_N$ gegeben. Die Zirkulationen Γ_j um die einzelnen Kurven L_j (j = 1,2,..,N) sowie die Anströmungsgeschwindigkeit im Unendlichen $\vec{v}$ parallel zur positiven x-Achse seien gegeben. Mit $V = |\vec{v}|$ hat dann die komplexe Potentialfunktion der Strömung im Außengebiet G der Ellipsen L_j, (j = 1,2,..,N) die Form

$$f(z) = Vz + \sum_{l=1}^{N} \Gamma_l (2\pi i)^{-1} \ln(z - M_l) + i\, g(z) \quad ; \quad z = x + iy \ \epsilon\ G . \quad (1.1)$$

g(z) ist eine noch unbekannte, in G holomorphe und auf den Ellipsen stetige Funktion. Mit M_l bezeichnen wir den Mittelpunkt der l-ten Ellipse L_l.

2.1 Ansatz zur Bestimmung der Funktion g(z)

Wir stellen die gesuchte, im Strömungsgebiet G holomorphe Funktion g(z) als Summe von N unendlichen gleichmäßig konvergenten Reihen dar (vergl. Abschnitt 1.3)

$$g(z) = \sum_{l=1}^{N} \sum_{k=1}^{\infty} S_{k,l}\, w_{2,l}^{k} = \sum_{l=1}^{N} \sum_{k=1}^{\infty} \{R_k^{(l)} + i\, Q_k^{(l)}\}\, w_{2,l}^{k} \quad (1.2)$$

mit den unbekannten komplexen Koeffizienten

$$S_{k,l} = R_k^{(l)} + i\, Q_k^{(l)} \quad ; \quad R_k^{(l)},\ Q_k^{(l)} \text{ reell,} \quad \begin{array}{l} l = 1,2,..,N \\ k = 1,2,... \end{array}$$

Unter $w_{2,l}$ verstehen wir den Ausdruck (vergl.(3.4), Abschnitt 1.3)

$$w_{2,l} = \frac{z - M_l - \sqrt{(z - M_l)^2 - (A^2 - B^2)}}{A_l + B_l}$$

mit $|w_{2,l}| < 1$, $l = 1,2,...,N$.

Es kann gezeigt werden, daß die unendlichen Reihen

$$\sum_{k=1}^{\infty} S_{k,l}\, w_{2,l}^{k} \quad ; \quad l = 1,2,...,N$$

auch dann noch konvergieren, wenn $z \epsilon G$ gegen einen Randpunkt t der Ellipse L_j (j = 1,2,..,N) strebt. Dazu läßt sich der bei Weyland {17} angegebene

Konvergenzbeweis für die Strömung um N Kreise auf unseren Fall übertragen.
Diese Rechnung wurde durchgeführt, soll aber hier weggelassen werden.

Berechnung der Konstanten C_j (j = 1,2,...,N)

Da die Ellipsen Stromlinien sind, muß auf L_j (j = 1,2,..,N) die Stromfunktion gleich einer reellen, noch zu berechnenden Konstanten sein

$$\text{Im } f(t)\Big|_{t \varepsilon L_j} = C_j \quad ; \quad j = 1,2,...,N \quad . \qquad (1.3)$$

g(z) ist durch diese Randbedingungen bis auf eine additive Konstante festgelegt

$$\text{Re } g(t) = C_j - V\eta + \sum_{l=1}^{N} \Gamma_l (2\pi i)^{-1} \ln |t - M_l| \quad ; \quad \begin{array}{l} t \varepsilon L_j \\ \eta = \text{Im } t \\ j = 1,2,..,N \end{array} \qquad (1.4)$$

Der Ansatz für die Funktion g(z)(1.2) wurde so gewählt, daß $g(\infty) = 0$ ist.
Damit sind auch die Konstanten C_j (j = 1,2,..,N) eindeutig festgelegt.
Wir wollen die Realteile und Imaginärteile $R_k^{(1)}$ und $Q_k^{(1)}$ der Koeffizienten $S_{k,l}$ (l = 1,2,...,N; k = 1,2...) so bestimmen, daß die Randbedingungen (1.4) erfüllt sind.
Dazu setzen wir die Reihen (1.2) in die Gleichungen (1.4) ein und finden

$$\text{Re } g(t) = \text{Re } \sum_{l=1}^{N} \sum_{k=1}^{\infty} S_{k,l} w_{2,l}^k =$$

$$= \sum_{l=1}^{N} \sum_{k=1}^{\infty} \{ R_k^{(1)} \text{ Re } w_{2,l}^k - Q_k^{(1)} \text{ Im } w_{2,l}^k \} = \qquad (1.5)$$

$$= C_j - V\eta + \sum_{l=1}^{N} \Gamma_l (2\pi)^{-1} \ln |t - M_l| \quad ; \quad t = \zeta + i\eta \varepsilon L_j \quad j = 1,2..N \quad .$$

Um die Konstanten C_j (j = 1,2,..,N) zu erhalten, lösen wir (1.5) nach C_j auf, multiplizieren die erhaltenen Gleichungen mit $(2\pi)^{-1}$ und integrieren auf beiden Seiten von 0 bis 2π. Dabei dürfen wir gliedweise integrieren, da man die gleichmäßige Konvergenz der Reihen (1.2) auf den Ellipsen nachweisen kann.
Dann ergeben sich unter Verwendung der Parameterdarstellung der Ellipse L_j

mit $\quad \eta = \beta_j + B_j \sin \phi \quad ; \quad t = \zeta + i\eta \varepsilon L_j \quad ; \quad j = 1,2,..,N$

die N Bestimmungsgleichungen zur Ermittlung der Größen C_j (j = 1,2,..,N)

$$C_j = V\beta_j - \sum_{l=1}^{N} \Gamma_l \pi^{-2} \int_0^{2\pi} \ln|t - M_l| \, d\phi +$$

$$- \sum_{l=1}^{N} \sum_{k=1}^{\infty} \{ R_k^{(1)} \, \text{Re} \, (2\pi)^{-1} \int_0^{2\pi} w_{2,l}^k \, d\phi - \qquad (1.6)$$

$$- Q_k^{(1)} \, \text{Im} \, (2\pi)^{-1} \int_0^{2\pi} w_{2,l}^k \, d\phi \} \quad ; \; t \in L_j \; ; \; j = 1,2,..,N \, .$$

Berechnung der Koeffizienten $S_{k,l}$

Die für die Konstanten C_j ($j = 1,2,..,N$) gewonnenen Gleichungen (2.6) setzen wir in (1.5) ein und erhalten N lineare Gleichungen mit den Unbekannten $R_k^{(1)}$, $Q_k^{(1)}$

$$\sum_{l=1}^{N} \sum_{k=1}^{\infty} R_k^{(1)} \, \text{Re} \, (w_{2,l}^k - (2\pi)^{-1} \int_0^{2\pi} w_{2,l}^k \, d\phi) -$$

$$- \sum_{l=1}^{N} \sum_{k=1}^{\infty} Q_k^{(1)} \, \text{Im} \, (w_{2,l}^k - (2\pi)^{-1} \int_0^{2\pi} w_{2,l}^k \, d\phi) = \qquad (1.7)$$

$$= \sum_{l=1}^{N} \Gamma_l \, (2\pi)^{-1} (\ln|t - M_l| - \frac{1}{\pi} \int_0^{2\pi} \ln|t - M_l| \, d\phi) - VB_j \sin\phi \; ; \; t \in L_j$$
$$j = 1,2,..,N \, .$$

Wenn wir die in diesen Gleichungen auftretenden unendlichen Reihen mit Gliedern q-ter Ordnung in $w_{2,l}$ abbrechen, so erhalten wir aus (1.7) N Gleichungen mit den 2qN Unbekannten $R_k^{(1)}$, $Q_k^{(1)}$ ($l = 1,2,..,N$; $k = 1,..,q$). Um zu einem System von 2qN Gleichungen zu gelangen, müssen wir die Funktionen $w_{2,l}$, $w_{2,l}^2$, ..., $w_{2,l}^q$ sowie die Logarithmusfunktionen $\ln|t-M_l|$ ($l = 1,2,..,N$) in gleichmäßig konvergente Reihen bezüglich des Mittelpunktswinkels ϕ entwickeln. Diese Reihen brechen wir wiederum mit Gliedern in $\cos q\phi$ bzw. $\sin q\phi$ ab und erhalten durch Vergleich der Vorfaktoren von $\cos\phi, \cos 2\phi,..$ $...\cos q\phi$, $\sin\phi,..,\sin q\phi$ ein lineares Gleichungssystem mit 2qN Gleichungen, aus welchem die 2qN Unbekannten $R_k^{(1)}$, $Q_k^{(1)}$ ($l = 1,..,N$; $k = 1,..,q$) zu ermitteln sind.

Die Konstanten C_j (j = 1,2,..,N) gewinnen wir aus der Gleichung (1.6).
Setzen wir nun die Koeffizienten $R_k^{(1)}$, $Q_k^{(1)}$ in Gleichung (1.2) ein, so erhalten wir eine Näherungslösung für die Funktion g(z) und gelangen schließlich nach Gleichung (1.1) zu der komplexen Potentialfunktion.

2.2 Numerische Auswertung des Verfahrens

Dieses zweite Verfahren zur Bestimmung der komplexen Potentialfunktion ist für eine numerische Auswertung wesentlich geeigneter als die Integralgleichungsmethode in Teil 1, da hier keine aufwendigen Integrationen durchzuführen sind. Die Berechnung der Koeffizienten $R_k^{(1)}$ und $Q_k^{(1)}$ (1 = 1,2,..,N) ; k = 1,2,..) kann mit Hilfe eines linearen Ausgleichungsprogrammes {18} mit guter Genauigkeit und ohne großen Aufwand vorgenommen werden. Dieses Programm hat die Eigenschaft, eine Funktion mit einer gewissen Anzahl noch unbestimmter Parameter einer Reihe von Meßwerten anzupassen.
Um dieses Programm auf unser Problem anwenden zu können, unterteilen wir die einzelnen Ellipsenränder gleichmäßig durch n Teilpunkte und bilden an jedem Teilpunkt die Funktionswerte der rechten Seiten der Gleichungen (1.7). Diese Funktionswerte auf den Ellipsen stellen jetzt unsere "Messwerte" dar. Auf der linken Seite der Gleichungen (1.7) stehen Ausdrücke, in denen die Koeffizienten $R_k^{(1)}$ und $Q_k^{(1)}$ linear als unbekannte Parameter vorkommen, während rechts nur bekannte Größen auftreten.
Bricht man die unendlichen Reihen in (1.2) mit Gliedern q-ter Ordnung in $w_{2.1}$ ab, so können mit dem Ausgleichsprogramm die Koeffizienten $R_k^{(1)}$, $Q_k^{(1)}$ so bestimmt werden, daß die Differenz zwischen linker und rechter Seite in (1.7) in den n Teilpunkten minimal wird.
Mit den so ermittelten Größen $R_k^{(1)}$ und $Q_k^{(1)}$ (1 = 1,2,..,N; k = 1,2,...) kann die Funktion g(z) näherungsweise berechnet werden. Die Genauigkeit dieser Näherungslösung hängt im wesentlichen von der Anzahl der berücksichtigten Glieder in den unendlichen Reihen (1.2) und von der Anzahl der Teilpunkte auf den einzelnen Ellipsen ab.
Vergleiche mit Programmen, die auf der Integralgleichungsmethode basieren, haben ergeben, daß bei Berücksichtigung derselben Anzahl von Reihengliedern und 100 Teilpunkten auf jeder Ellipse auch dieselbe Genauigkeit erreicht wird. Diese Genauigkeit kann bei dieser zweiten Methode noch weiter verbessert werden, da ohne Schwierigkeit eine wesentlich höhere Anzahl von Reihengliedern berücksichtigt werden kann. Auch Strömungen um mehrere Ellipsen mit hundertfach höheren Zirkulationen als bei dem numerisch ausgewerteten Beispiel aus Teil 1 und in engerer Lage lassen sich jetzt berechnen ohne daß Konvergenz-

schwierigkeiten auftreten.

Bei den folgenden numerischen Rechnungen wurden jeweils 8 Glieder der Reihen von Gleichung (1.2) berücksichtigt und jede Ellipse durch 100 Teilpunkte unterteilt.

Bei **Abb.3** handelt es sich um eine Strömung um vier symmetrisch angeordnete Ellipsen mit den Mittelpunkten

$$M_1 = (-6/0) \ , \quad M_2 = (0/-6) \ , \quad M_3 = (6/0) \ , \quad M_4 = (0/6)$$

und den Zirkulationen

$$\Gamma_1 = 200 \ , \quad \Gamma_2 = -200 \ , \quad \Gamma_3 = 200 \ , \quad \Gamma_4 = -200 \ .$$

Das Strömungsbild ist symmetrisch zur y-Achse. Um die Mehrdeutigkeit der Geschwindigkeitspotentialfunktion zu beseitigen, wurde die Strömungsebene entlang der Halbgeraden $\{y = \pm 6, \ x > 0\}$ aufgeschnitten und ebenso entlang der positiven x-Achse für alle x mit $-6 < x < \infty$. An diesen Schnitten erleiden die Äquipotentiallinien einen Sprung, der sich im Bereich von $6 > x > \infty$ auf der x-Achse verdoppelt.

Die Staupunkte dieser Strömung liegen alle außerhalb der Ellipsen bei

$$P_1 = (0/0) \ , \quad P_2 = (-14/7) \ , \quad P_3 = (14/7) \ , \quad P_4 = (0/-15).$$

Die **Abb. 4** zeigt eine asymmetrische Strömung um fünf Ellipsen, deren geometrische Anordnung dieselbe ist wie in Abb.1 aus Teil 1. Die Asymmetrie der Strömung wird allein durch die unterschiedliche Wahl der Zirkulationen hervorgerufen. Es ist

$$\Gamma_1 = 100 \ , \quad \Gamma_2 = -150 \ , \quad \Gamma_3 = -100 \ , \quad \Gamma_4 = 150 \ , \quad \Gamma_5 = 50 \ .$$

Nur auf der fünften Ellipse L_5 liegen Staupunkte auf dem Ellipsenrand in

$$P_1 = (-0{,}95/1{,}9) \ , \quad P_2 = (-1{,}3/-1{,}8) \ .$$

Die übrigen Staupunkte der Strömung haben sich von den Ellipsenrändern abgelöst und liegen bei

$$P_3 = (-19{,}5/23{,}5) \ , \quad P_4 = (16{,}1/1{,}8) \ ,$$

$$P_5 = (-12{,}7/-0{,}3) \ , \quad P_6 = (17{,}5/-16{,}5) \ .$$

Die Strömungsebene ist entlang der positiven x-Achse und entlang der Halbgeraden $\{y = \pm 10, \ -10 < x < \infty \}$ aufgeschnitten, wobei im Bereich $+10 < x < \infty$ je zwei Schnitte zusammenfallen.

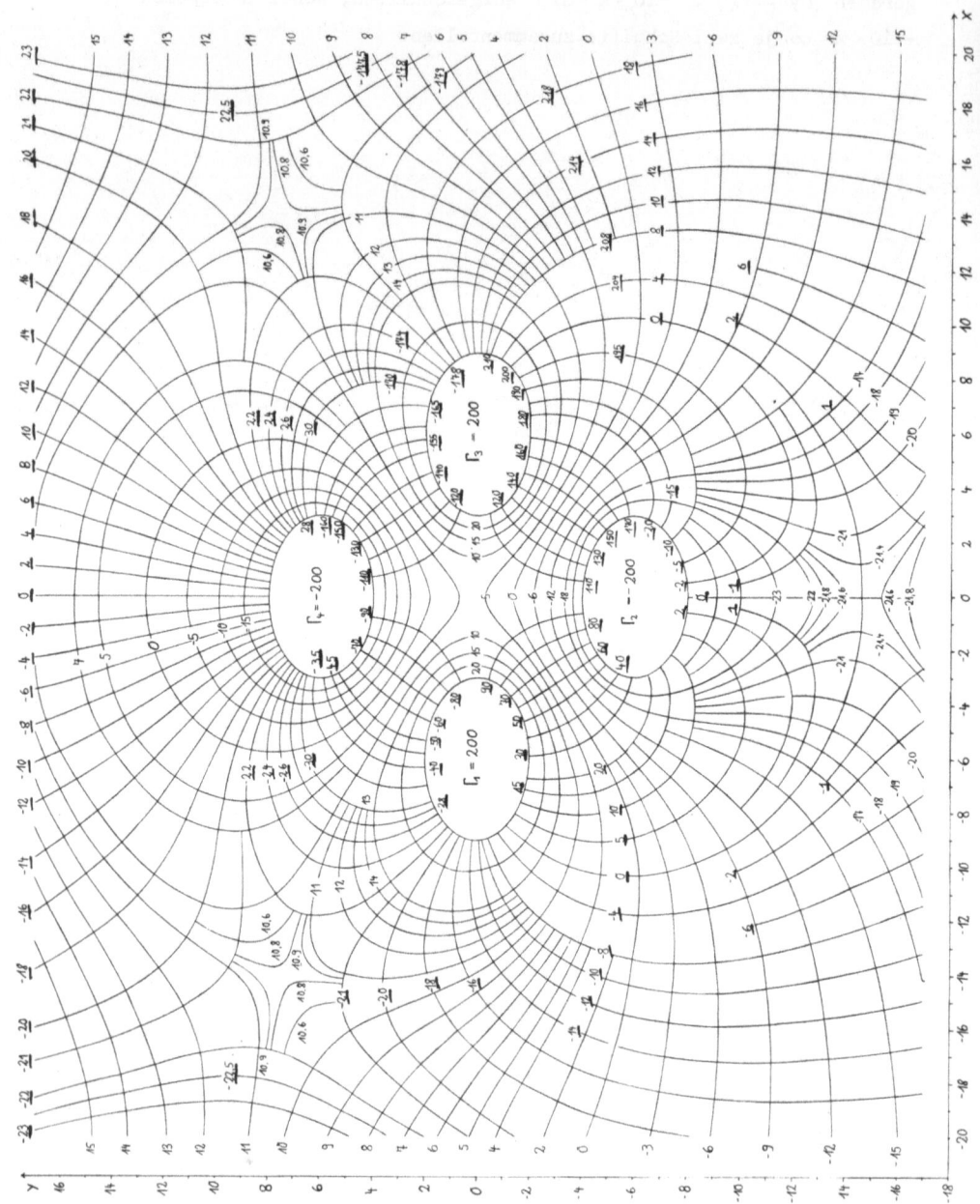

Abb. 3

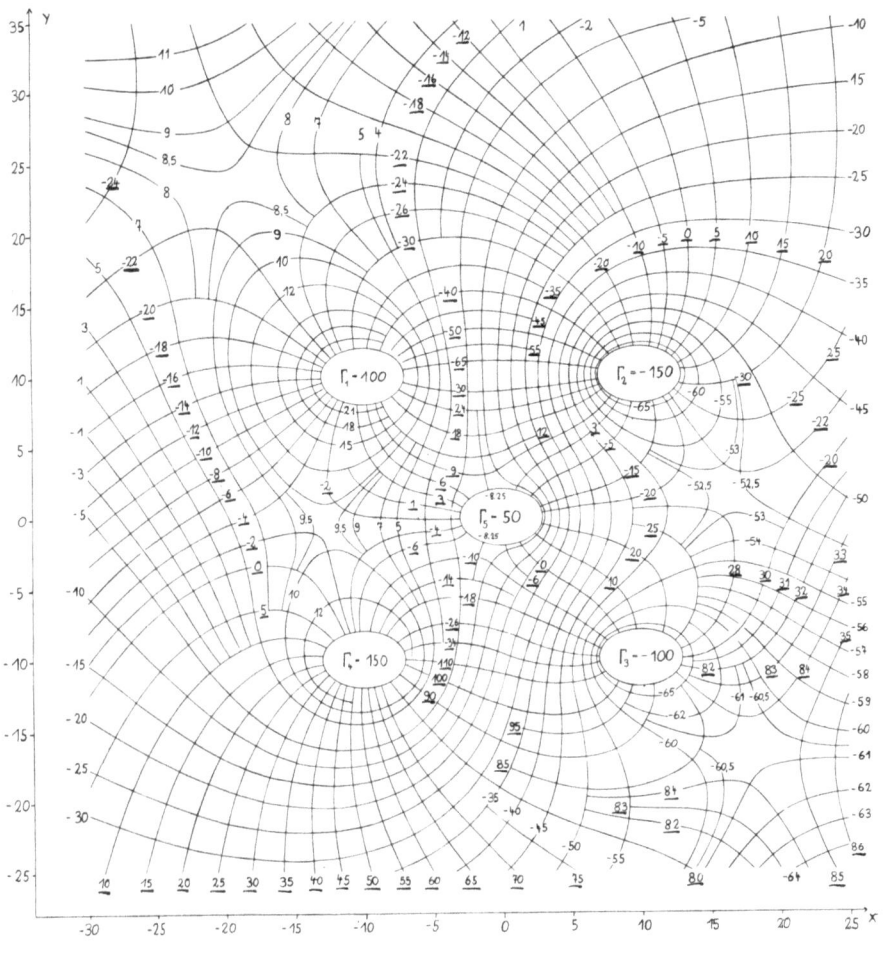

Abb. 4

3. Staupunkte im Strömungsgebiet

3.1 Bewegung der Staupunkte bei Strömungen um eine Ellipse

Die Ableitung $f'(z)$ der komplexen Potentialfunktion gibt die konjugiert komplexe Geschwindigkeit an

$$f'(z) = v - iw \ .$$

Dabei bedeutet $v(x,y)$ bzw. $w(x,y)$ die x-, bzw. y-Komponente des Geschwindigkeitsvektors der Strömung im Punkt (x,y). Die Punkte $z \in G,L$, in denen $f'(z) = 0$ ist, heißen Staupunkte der Strömung. Die Lage dieser Staupunkte hängt ab:

1) von der geometrischen Lage der Ellipsen zueinander,
2) von der Anströmungsgeschwindigkeit $\vec{v}$ im Unendlichen und
3) von den vorgegebenen Zirkulationen Γ_k um die einzelnen Ellipsen L_k , $(k = 1,2,...,N)$.

Ist bei der Strömung um eine einzige Ellipse die Zirkulation $\Gamma = 0$, und verläuft die Anströmungsgeschwindigkeit parallel zu ihrer großen Halbachse A, so gibt es offenbar zwei Staupunkte, die genau in den Scheiteln der großen Halbachse der Ellipse liegen.

Für kleine Γ-Werte rücken die beiden Staupunkte auf dem Rand der Ellipse zusammen und zwar je nach Drehsinn der Zirkulation entweder nach oben ($\Gamma > 0$) oder nach unten ($\Gamma < 0$). Bei einem bestimmten Zirkulationswert fallen beide Staupunkte zusammen.
Wird die Zirkulation dem Betrage nach größer, so gibt es nur noch einen Staupunkt im Äußeren der Ellipse. Der Staupunkt im Strömungsgebiet liegt dann auf einer Geraden senkrecht zur Anströmungsrichtung durch den Mittelpunkt der Ellipse.
Durch einen abgelösten Staupunkt verläuft eine Stromlinie, die eine Schleife um die Ellipse herum bildet. Innerhalb dieser Schleife zirkuliert die Strömung um das Hindernis, außerhalb fließt die Flüssigkeit entweder oben oder unten vorbei.

Zum Vergleich betrachte man die Lage der Staupunkte bei Strömungen um einen Kreis.

3.2 Bewegung der Staupunkte bei Strömungen um vier Ellipsen

Wenn wir eine Strömung um mehrere Ellipsen mit Zirkulationen betrachten, so ist nicht anzunehmen, daß sich die abgelösten Staupunkte im Strömungsgebiet noch auf einer Geraden senkrecht zur Anströmungsrichtung bewegen.

Die Bewegung der Staupunkte in Abhängigkeit von den Zirkulationen ist von Weizel/Weyland {19} und Weyland {17} bei der Strömung um mehrere Kreise untersucht worden. Dieses Verfahren läßt sich auch auf die Strömung um mehrere Ellipsen übertragen.
Wir wollen als Beispiel die Bewegung der Staupunkte bei Strömungen um vier Ellipsen untersuchen, deren geometrische Lage aus Abb.3 ersichtlich wird.

Für die folgenden Überlagerungen seien nur die Zirkulationen

$$\Gamma_1 = 200 \quad ; \quad \Gamma_2 = -200$$

um die Ellipsen L_1 und L_2 fest vorgegeben, während die Zirkulationen Γ_3 und Γ_4 als freie Parameter in die Rechnung eingehen.

Es werden nun Kurven bestimmt, auf denen sich die Staupunkte in Abhängigkeit von den Zirkulationen Γ_3 und Γ_4 bewegen.

Dazu schreiben wir die komplexe Potentialfunktion $f(z)$ in folgender Form

$$\begin{aligned} f(z) = & V z + \sum_{m=1}^{2} \Gamma_m (2\pi i)^{-1} \ln(z-M_m) + i\, g_o(z) + \\ & + \Gamma_3 \{ (2\pi i)^{-1} \ln(z-M_3) + i\, g_3(z) \} + \\ & + \Gamma_4 \{ (2\pi i)^{-1} \ln(z-M_4) + i\, g_4(z) \} = \\ = & \sigma(z) + \Gamma_3 R_3(z) + \Gamma_4 R_4(z) \,. \end{aligned} \quad (2.1)$$

$f(z)$ ist hier eine Superposition von drei Potentialfunktionen

$$\sigma(z) = V z + \sum_{m=1}^{2} \Gamma_m (2\pi i)^{-1} \ln(z-M_m) + i\, g_o(z) \,,$$

$$R_3(z) = (2\pi i)^{-1} \ln(z-M_3) + i\, g_3(z) \,,$$

$$R_4(z) = (2\pi i)^{-1} \ln(z-M_4) + i\, g_4(z) \,.$$

Die Potentialfunktion $\sigma(z)$ bezeichnet eine Strömung um vier Ellipsen mit der Anströmungsgeschwindigkeit $\vec{v}$ im Unendlichen und den fest vorgegebenen Zirkulationen $\Gamma_1 = 200$ und $\Gamma_2 = -200$. Γ_3 und Γ_4 haben den Wert Null.

Die Potentialfunktionen $R_3(z)$ und $R_4(z)$ beschreiben Strömungen um die vier Ellipsen mit der Anströmungsgeschwindigkeit $\vec{v} = \vec{0}$. Dabei sind die Werte der Zirkulationen

für $R_3(z)$: $\Gamma_1 = 0$, $\Gamma_2 = 0$, $\Gamma_3 = 1$, $\Gamma_4 = 0$;
für $R_4(z)$: $\Gamma_1 = 0$, $\Gamma_2 = 0$, $\Gamma_3 = 0$, $\Gamma_4 = 1$.

Wir führen über

$$\sigma'(z) = v_o - i\, w_o$$

und

$$R_j'(z) = v_j - i\, w_j \qquad j = 3,4$$

die Geschwindigkeitskomponenten der Teilströmungen ein, die für jeden beliebig vorgegebenen Punkt z im Strömungsgebiet G oder auf den Ellipsenrändern L berechnet werden können.

Dann erhalten wir aus der Bedingung für Staupunkte $f'(z) = 0$, d.h.

$$\operatorname{Re} f'(z) = 0 \quad , \quad \operatorname{Im} f'(z) = 0$$

zwei lineare Gleichungen mit den zwei Unbekannten Γ_3, Γ_4.

$$\begin{aligned} v_3\, \Gamma_3 + v_4\, \Gamma_4 &= -v_o \\ w_3\, \Gamma_3 + w_4\, \Gamma_4 &= -w_o \end{aligned} \qquad (2.2)$$

Wir unterscheiden folgende Fälle:

1) Ist für einen vorgegebenen Punkt z des Strömungsgebietes G die Koeffizientendeterminante des Gleichungssystems (2.2)

$$D_{3,4} = v_3 w_4 - v_4 w_3 \qquad (2.3)$$

von Null verschieden, so gewinnen wir aus (2.2) je einen Wert für Γ_3 und Γ_4. Das bedeutet, daß eine Strömung um vier Ellipsen mit diesen errechneten Zirkulationswerten Γ_3 und Γ_4 und den fest vorgegebenen Zirkulationen $\Gamma_1 = 200$ und $\Gamma_2 = -200$ in z einen Staupunkt besitzt.

Um nun Kurven zu bestimmen, auf denen sich die Staupunkte in Abhängigkeit von den Zirkulationen Γ_3 bewegen, eliminieren wir Γ_4 aus dem Gleichungssystem (2.2) und erhalten

$$\Gamma_3 \left(\frac{v_3}{v_4} - \frac{w_3}{w_4} \right) - \left(\frac{w_o}{w_4} - \frac{v_o}{v_4} \right) = 0 \quad ; \quad v_4^2 + w_4^2 > 0 \quad (2.4)$$

Diese Gleichung stellt eine ebene Kurvenschar mit Γ_3 als Scharparameter dar. In jedem Staupunkt z, der auf den Kurven (2.4) liegt, berechnet sich der dazugehörige Γ_4-Wert aus dem Gleichungssystem (2.2) zu

$$\Gamma_4 = \frac{-(v_o w_4 + w_o v_4) - \Gamma_3 (v_3 w_4 + w_3 w_4)}{v_4^2 + w_4^2} \quad ; \quad v_4^2 + w_4^2 > 0.$$

Wenn wir anstelle von Γ_3 die Zirkulation Γ_4 als Scharparameter verwenden, erhalten wir analoge Gleichungen.

In <u>Abb.5</u> haben wir abwechselnd die Zirkulationen Γ_3 und Γ_4 als Scharparameter gewählt und somit zwei Kurvenscharen erhalten, die die gesamte Ebene überdecken. Die durchgezogenen Linien stellen die Kurven Γ_3 = const. dar, während die Kurven Γ_4 = const. gestrichelt gezeichnet wurden.

2) Die Determinante des Systems (2.2) verschwindet im Punkt $z \in G, L$

$$D_{3,4} = v_3 w_4 - v_4 w_3 = 0.$$

In diesem Fall sind die beiden Gleichungen (2.2) voneinander abhängig. Das Gleichungssystem ist nur dann lösbar, wenn zusätzlich die Bedingung

$$\frac{v_3}{w_3} = \frac{v_4}{w_4} = \frac{v_o}{w_o} \quad ; \quad v_j^2 + w_j^2 > 0 \quad , \quad j = 3, 4 \quad (2.5)$$

erfüllt ist. Das System (2.2) reduziert sich in diesem Fall auf eine Gleichung, so daß für beliebig vorgegebene Γ_3-Werte (bzw. Γ_4-Werte) die dazugehörigen Γ_4-Werte (bzw. Γ_3-Werte) berechnet werden können. Das bedeutet, daß sich alle Kurven mit Γ_3 = const. und Γ_4 = const. in diesem sog. "ausgezeichneten Punkt" {19} schneiden <u>(Abb.5)</u>.
Da für einen "ausgezeichneten Punkt" die Bedingung (2.5) erfüllt sein muß, können im Falle $D_{3,4} = 0$ nur Staupunkte auftreten, die gleichzeitig "ausgezeichnete Punkte" sind.

3) Gilt für die Punkte $z \in G, L$ $D_{3,4} = 0$ ohne daß die Zusatzbedingung (2.5) erfüllt ist, so besitzt das Gleichungssystem (2.2) keine Lösung, und

wir erhalten in

$$v_3 w_4 - v_4 w_3 = 0$$

Punkte, die nie Staupunkte sein können.
Die Linie, auf der diese Punkte liegen, ist in Abb. 5 gepunktet gezeichnet.

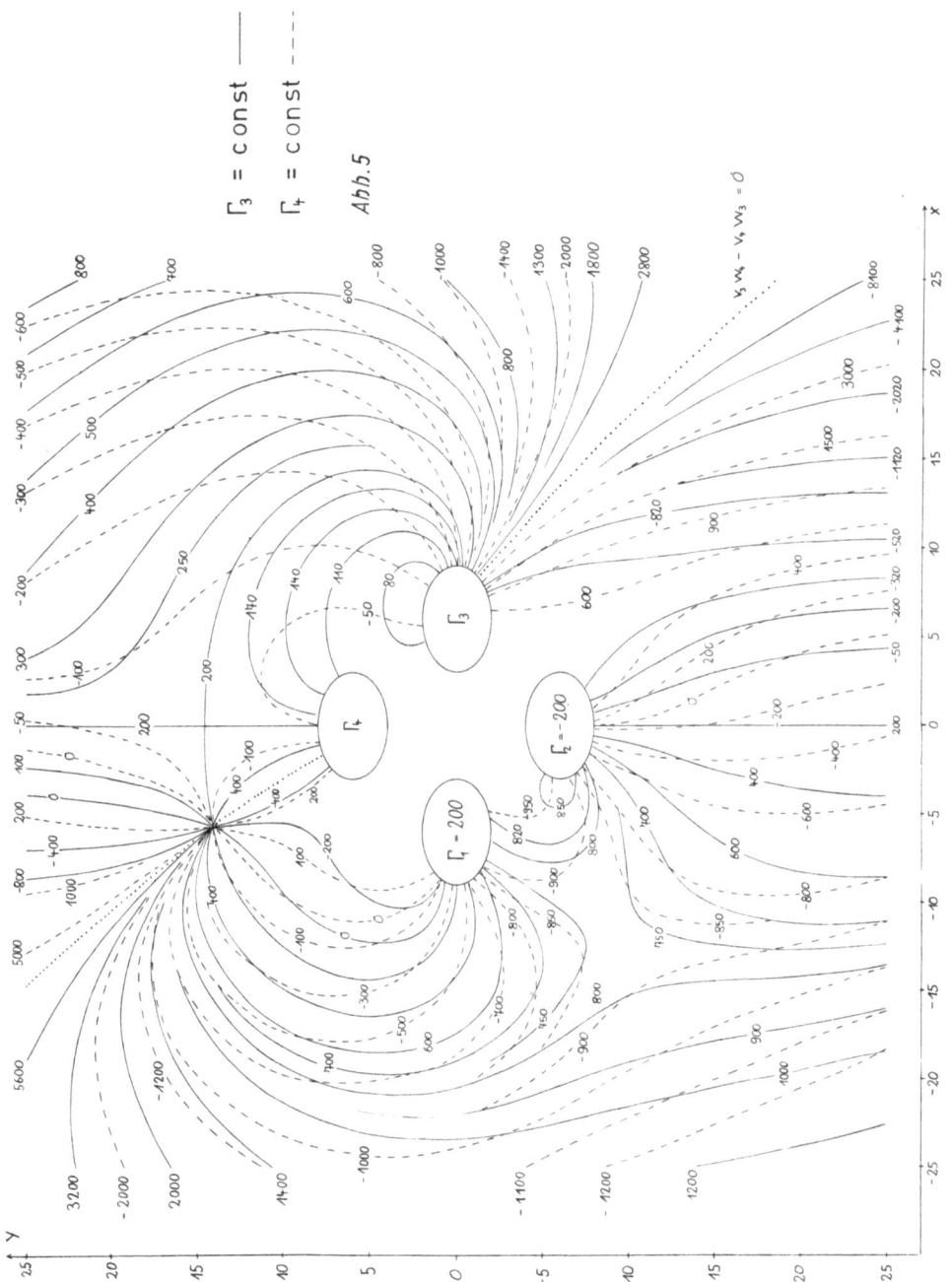

Abb. 5

4. Berechnung der Druckverteilung der Strömung

4.1 Berechnung des Druckes

Um die Druckverteilung im Strömungsgebiet G und auf den Rändern L_k (k = 1,2,...,N) der Ellipsen zu untersuchen, gehen wir von der komplexen Potentialfunktion (vergl. (1.1) und (1.2), Abschnitt 2.1)

$$f(z) = V z + \sum_{l=1}^{N} \frac{\Gamma_l}{2\pi i} \ln(z-M_m) + i \sum_{l=1}^{N} \sum_{k=1}^{\infty} S_{k,l} w_{2,l}^k \qquad (1.1)$$

aus. Die Größen $S_{k,l}$ (l = 1,2,..,N , k = 1,2,..) sind komplexe Koeffizienten; die Funktionen $w_{2,l}$ berechnen sich nach der Formel (Abschnitt 2.1)

$$w_{2,l} = \frac{z - M_l - \sqrt{(z-M_l)^2 - (A_l^2 - B_l^2)}}{A_l + B_l} \quad ; \quad |w_{2,l}| < 1 \, , \, l = 1,2,..,N \, .$$

Dabei bezeichnen wir mit A_l, B_l die Halbachsen und mit M_l die Mittelpunkte der Ellipsen L_l (l = 1,2,..,N).

Für den Druck gilt

$$p = E - \frac{\rho}{2} f'(z) \overline{f'(z)} \qquad (1.2)$$

mit ρ als Flüssigkeitsdichte, die in unserem Fall konstant ist, und E als Bernoullischer Konstante. $f'(z)$ ist die konjugiert komplexe Geschwindigkeit der Strömung mit den Geschwindigkeitskomponenten v und w,

$$f'(z) = v(x, y) - i w(x, y) \, .$$

Dimensionslos geschrieben lautet Gleichung (1.2)

$$\frac{p_0 - p}{1/2 \rho V^2} = \frac{f'(z) \overline{f'(z)}}{V^2} \qquad V \neq 0 \, . \qquad (1.3)$$

Dabei bezeichnet p_0 den Druck im Staupunkt, $p_0 = E$.

Um die konjugiert komplexe Geschwindigkeit zu erhalten, differenzieren wir die Potentialfunktion (1.1) nach z.

$$f'(z) = V + \sum_{l=1}^{N} \Gamma_l (2\pi i)^{-1} (z-M_l)^{-1} + i \sum_{l=1}^{N} \sum_{k=1}^{\infty} S_{k,l} k w_{2,l}^{k-1} \frac{d w_{2,l}}{d z} \, .$$

Die Funktion $w_{2,1}$ besitzt die Ableitung

$$\frac{d\,w_{2,1}}{d\,z} = -w_{2,1}\{(z-M_1)^2 - (A_1^2 - B_1^2)\}^{-1/2}$$

Also ist

$$f'(z) = V + \sum_{l=1}^{N} \Gamma_l (2\pi i)^{-1} (z-M_l)^{-1} -$$

$$- i \sum_{l=1}^{N} \sum_{k=1}^{\infty} S_{k,l}^{\ k}\, w_{2,l}^{\ k}\, \{(z-M_l)^2 - (A_l^2 - B_l^2)\}^{-1/2}$$

4.2 Numerische Berechnung des Druckes

Um zunächst die Druckverteilung auf den Ellipsen L_k (k = 1,2,..,N) graphisch darzustellen, wurde jeweils der Ausdruck (1.3)

$$F(x,y) = \frac{P_o - p}{1/2 \rho V^2} = \frac{f'(z) \overline{f'(z)}}{V^2}$$

auf den Ellipsenrändern berechnet.

In **Abb.6** wurde die Druckverteilung auf dem Rand der in Abb.1 dargestellten Strömung um fünf Ellipsen gezeichnet. Jedem Ellipsenpunkt entspricht der darüberliegende Punkt der Druckkurve F(x,y). In den Staupunkten der Strömung gilt F(x,y) = 0. Man sieht, daß bei den Ellipsen L_k (k = 1,2,3,4) - im Bild L_1 - die Funktion

$$F(x,y) = \frac{P_o - p}{1/2 \rho V^2}$$

nicht genau in den Ellipsenscheiteln Null wird. Das heißt, die Staupunkte sind gegenüber den Ellipsenscheiteln auf den Rändern verschoben.
Wie im dazugehörigen Strömungsbild (Abb.1) liegt auch hier Symmetrie bezüglich beider Achsen vor.

Die **Abb.7** zeigt die Druckverteilung im Strömungsgebiet der Strömung um fünf Ellipsen (Abb.2). Dabei wurden die Parameterlinien

$$F(x,y) = \frac{P_o - p}{1/2 \rho V^2} = \text{const.}$$

aufgetragen. Da die Strömung symmetrisch zu beiden Achsen ist, wurde die Druckverteilung jeweils nur für einen Teil der Strömungsebenen gezeichnet.

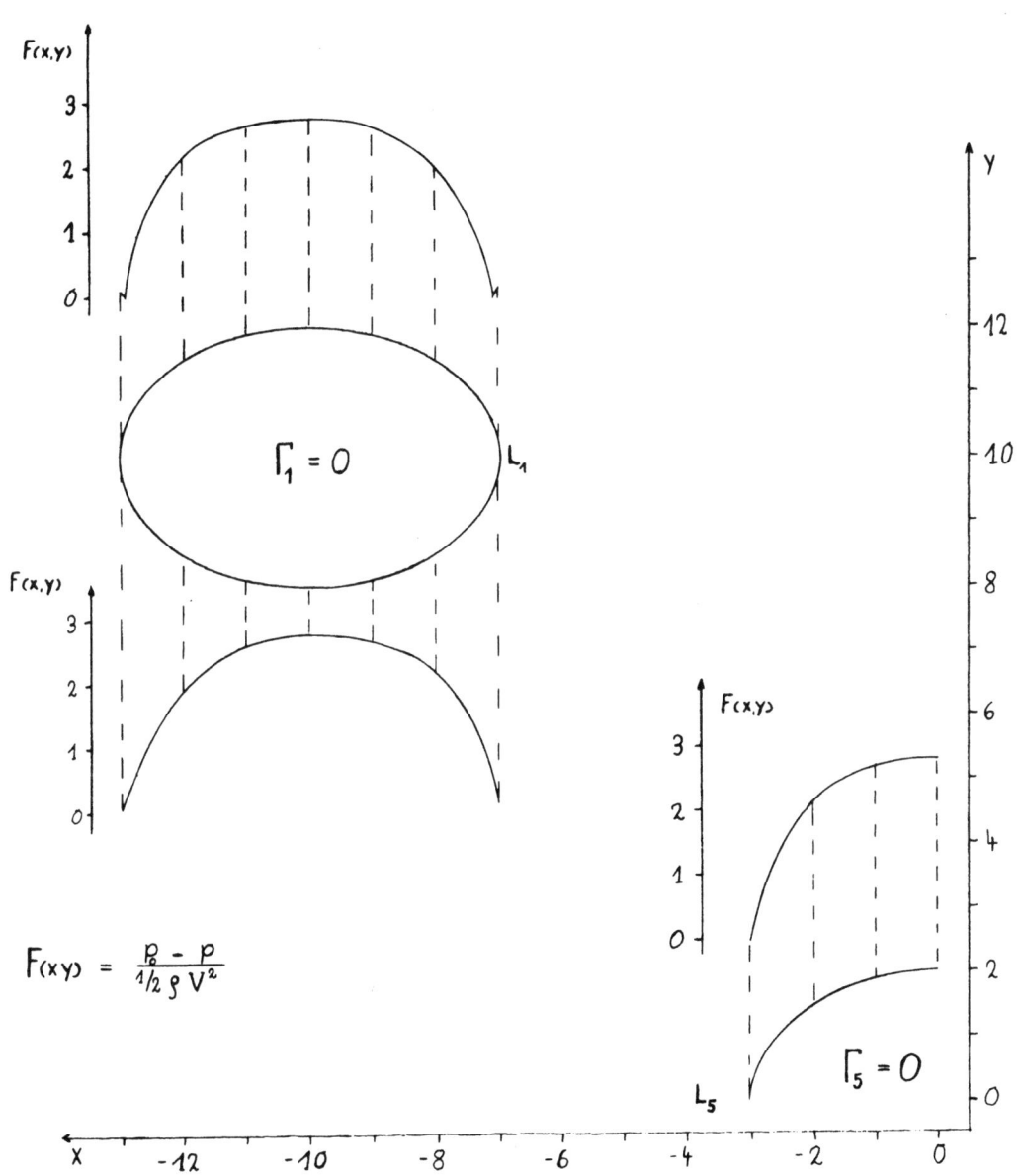

$$F(x,y) = \frac{p_0 - p}{1/2\, \rho\, V^2}$$

Abb. 6

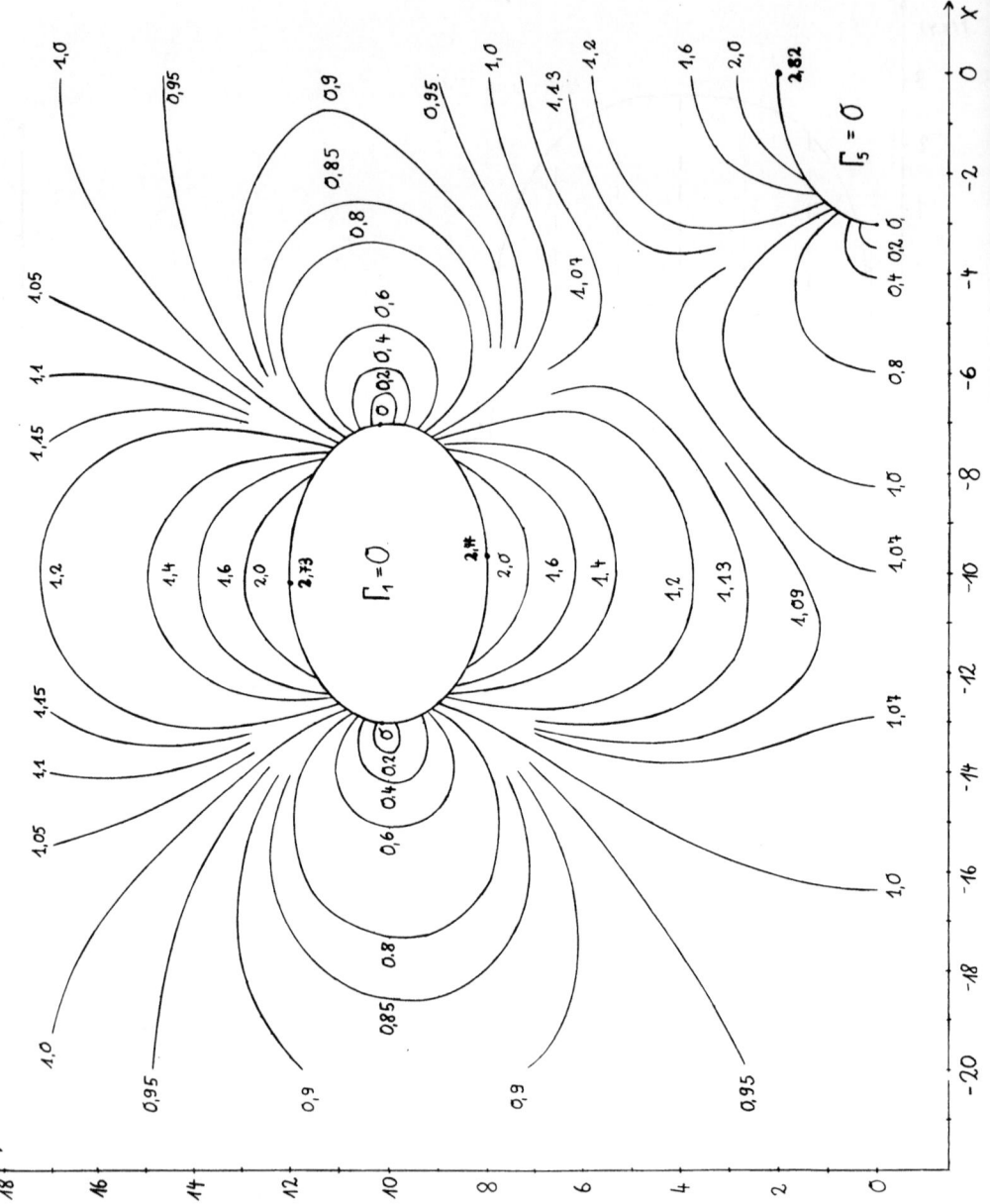

Abb. 7

Literaturverzeichnis

{1} Mannesmann AG, Berechnungsunterlagen für Wärmetauscher, April 1961

{2} N.I. Muschelischwili, Singuläre Integralgleichungen, Akademie Verlag Berlin 1965, Kapitel III

{3} R. Weizel, Potentialströmung um N Kreise, ZAMM 53, 463 (1973)

{4} W. Pogorzelski, Integral Equations and their Applications, Vol. I. Pergamon Press 1966, Chapter XVIII

{5} F.D. Gakhov, Boundary Value Problems, Pergamon Press 1966, § 34

{6} M.A. Lawrentjew, B.W. Schabat, Methoden der komplexen Funktionentheorie, Verlag der Wissenschaften, Berlin 1967, Kapitel I, § 3

{7} F.D. Gakhov, Boundary Value Problems, Pergamon Press 1966, § 4

{8} W. I. Smirnow, Lehrgang der höheren Mathematik, Teil IV, Deutscher Verlag der Wissenschaften, Berlin 1958, Kapitel IV,2

{9} R. Leis, Partielle Differentialgleichungen zweiter Ordnung, Bibliographisches Institut Mannheim, 1967, Abschnitt III,2

{10} S.G. Michlin, Ch.L. Smolitzki, Näherungsmethoden zur Lösung von Differential- und Integralgleichungen , Teubner Verlagsgesellschaft Leipzig 1969

{11} M.A. Larentjew, B.W. Schabat, Methoden der komplexen Funktionentheorie, Verlag der Wissenschaften, Berlin 1967, Kapitel III, § 3

{12} L. Bieberbach, Einführung in die konforme Abbildung, Walter de Gruyter & Co, Berlin 1967, Kapitel III,11

{13} F.D. Gakhov, Boundary Value Problems, Pergamon Press 1966, § 1

{14} S.G. Michlin, Integral Equations, Pergamon Press 1964, § 33

{15} N.E. Kochin, I.A. Kibel, N.V. Roze, Theoretical Hydrodynamics, Interscience publishers, New York 1964, Chapter VI

{16} G.K. Batchelor, An Introduction to Fluid Dynamics, University Press Cambridge 1967, Chapter 6.6

{17} J. Weyland, Ebene Potentialströmung um N Kreise, Dissertation, Bonn 1974

{18} W.R. Busing, H.A. Levy ORGLS (General Fortran Last Squares Program),Atomic Energy Commission, Oak Ridge, Tennessee 1962

{19} R. Weizel, J.Weyland, Bewegung der Staupunkte in einer Strömung um N Hindernisse, Forschungsberichte des Landes Nordrhein-Westfalen Nr.2378, Opladen 1973

Forschungsberichte des Landes Nordrhein-Westfalen

Herausgegeben im Auftrage des Ministerpräsidenten Heinz Kühn
vom Minister für Wissenschaft und Forschung Johannes Rau

Sachgruppenverzeichnis

Acetylen · Schweißtechnik
Acetylene · Welding gracitice
Acétylène · Technique du soudage
Acetileno · Técnica de la soldadura
Ацетилен и техника сварки

Arbeitswissenschaft
Labor science
Science du travail
Trabajo científico
Вопросы трудового процесса

Bau · Steine · Erden
Constructure · Construction material ·
Soilresearch
Construction · Matériaux de construction ·
Recherche souterraine
La construcción · Materiales de construcción ·
Reconocimiento del suelo
Строительство и строительные материалы

Bergbau
Mining
Exploitation des mines
Mineria
Горное дело

Biologie
Biology
Biologie
Biologia
Биология

Chemie
Chemistry
Chimie
Quimica
Химия

Druck · Farbe · Papier · Photographie
Printing · Color · Paper · Photography
Imprimerie · Couleur · Papier · Photographie
Artes gráficas · Color · Papel · Fotografía
Типография · Краски · Бумага · Фотография

Eisenverarbeitende Industrie
Metal working industry
Industrie du fer
Industria del hierro
Металлообрабатывающая промышленность

Elektrotechnik · Optik
Electrotechnology · Optics
Electrotechnique · Optique
Electrotécnica · Optica
Электротехника и оптика

Energiewirtschaft
Power economy
Energie
Energia
Энергетическое хозяйство

Fahrzeugbau · Gasmotoren
Vehicle construction · Engines
Construction de véhicules · Moteurs
Construcción de vehiculos · Motores
Производство транспортных средств

Fertigung
Fabrication
Fabrication
Fabricación
Производство

Funktechnik · Astronomie
Radio engineering · Astronomy
Radiotechnique · Astronomie
Radiotécnica · Astronomía
Радиотехника и астрономия

Gaswirtschaft
Gas economy
Gaz
Gas
Газовое хозяйство

Holzbearbeitung
Wood working
Travail du bois
Trabajo de la madera
Деревообработка

Hüttenwesen · Werkstoffkunde
Metallurgy · Materials research
Métallurgie · Matériaux
Metalurgia · Materiales
Металлургия и материаловедение

Kunststoffe
Plastics
Plastiques
Plásticos
Пластмассы

Luftfahrt · Flugwissenschaft
Aeronautics · Aviation
Aéronautique · Aviation
Aeronáutica · Aviación
Авиация

Luftreinhaltung
Air-cleaning
Purification de l'air
Purificación del aire
Очищение воздуха

Maschinenbau
Machinery
Construction mécanique
Construcción de máquinas
Машиностроительство

Mathematik
Mathematics
Mathématiques
Matemáticas
Математика

Medizin · Pharmakologie
Medicine · Pharmacology
Médecine · Pharmacologie
Medicina · Farmacología
Медицина и фармакология

NE-Metalle
Non-ferrous metal
Metal non ferreux
Metal no ferroso
Цветные металлы

Physik
Physics
Physique
Física
Физика

Rationalisierung
Rationalizing
Rationalisation
Racionalización
Рационализация

Schall · Ultraschall
Sound · Ultrasonics
Son · Ultra-son
Sonido · Ultrasónico
Звук и ультразвук

Schiffahrt
Navigation
Navigation
Navegación
Судоходство

Textilforschung
Textile research
Textiles
Textil
Вопросы текстильной промышленности

Turbinen
Turbines
Turbines
Turbinas
Турбины

Verkehr
Traffic
Trafic
Tráfico
Транспорт

Wirtschaftswissenschaften
Political economy
Economie politique
Ciencias economicas
Экономические науки

Einzelverzeichnis der Sachgruppen bitte anfordern

Westdeutscher Verlag GmbH
– Auslieferung Opladen –
567 Opladen, Postfach 1620

MIX
Papier aus verantwortungsvollen Quellen
Paper from responsible sources
FSC® C105338

If you have any concerns about our products,
you can contact us on
ProductSafety@springernature.com

In case Publisher is established outside the EU,
the EU authorized representative is:
**Springer Nature Customer Service Center GmbH
Europaplatz 3, 69115 Heidelberg, Germany**

Printed by Libri Plureos GmbH
in Hamburg, Germany